紅茶之書

一趟穿越東方與西方的紅茶品味之旅

３０分で
人生が深まる
紅茶術

磯淵 猛──著　賴郁婷──譯

Takeshi Isobuchi

Foreword

前言

　　在寫這本書的期間，我做了一個不可思議的夢。平時做夢總是一下子就忘了，唯獨這個夢我一直忘不了，讓我情緒變得高亢，加快了下筆的速度。

　　夢中，我身處在一個不知名的茶園裡，應該是在茶莊裡吧。當時我正在喝著紅茶，而為我泡茶的人，正是人稱「錫蘭紅茶之父」的詹姆士‧泰勒（James Taylor）。那張印象中在肖像畫上看過、蓄著落腮鬍的臉龐和溫柔的眼神……的確是他沒錯。

　　接著，不知道為什麼，我竟然拿出了紅豆麵包請他吃。不過我大概可以理解為什麼紅豆麵包會出現在這裡，事實上，我非常喜歡吃紅豆麵包，每次出差一定會隨身帶著兩、三顆放在包包裡。

　　在我開始研究紅茶的歷史之後，第一個讓我感興趣的男子便是詹姆士‧泰勒。每年造訪斯里蘭卡時，我一定會到他的墓前祭拜，也會去他位於康提（Kandy）山區所開墾的茶園，感受他以前所走過的小徑、沐浴的水池，以及乾燥茶葉的爐灶。

詹姆士‧泰勒逝世於一八九二年五月二日，而直到今日，茶園裡的巨大石塊、小溪、瀑布、池子，甚至是遠山景色等，所有一景一物都仍保留著與他生前完全相同的景色，讓人感覺彷彿他仍在這裡。

　　他死後所留下來的錫蘭紅茶如今占了日本紅茶總進口量的百分之六十，就連我創立的公司所進口的紅茶也幾乎全是錫蘭茶。錫蘭紅茶有著清透的亮紅茶色，香氣優雅，澀味順口……想必當年泰勒喝這茶時也是一臉滿足微笑。

　　現在在全世界超過一百二十個國家都能喝得到錫蘭紅茶，是不分老少都相當喜愛的茶葉之一。而本書所要介紹的，正是泰勒深愛的紅茶所具備的魅力。

　　為了更完整傳遞紅茶的魅力，我在寫這本書時在內容上特別多做了留意，讓即使是對紅茶完全沒有認識的讀者，也可以在閱讀的過程中漸漸對紅茶產生興趣，甚至讀著讀著就不禁想來上一杯紅茶。

　　尤其是針對紅茶的歷史與文化等最重要的根源部分，介紹時也會盡量將重點放在描寫與紅茶相關的人物上，藉由感受這些人物的魅力來瞭解紅茶的故事。

　　我過去的著作大多是透過實際照片來說明有關紅茶的特色、泡茶的最佳方法以及茶園、茶廠等內容。不過在本書當中，我盡量減少以照片的方式呈現，完全用文字來描寫所有關於紅茶的美味、特

色，甚至是茶園景色等，為讀者保留自由想像的空間。

關於飲食，一般大多以影像等視覺方式來呈現，但說到小時候吃過的食物，或是肚子餓時腦海裡浮現的美食，那記憶中的味道、香氣、色澤甚至是溫度，通常都會比任何照片要來得更真實，彷彿就在眼前。

我一直認為，美味並不是口中的記憶，而是烙印在心底的一種感受。雖然液態的紅茶沒有口感可言，但我深信無論是紅茶本身或是一起喝茶的對象和場所，一定都蘊藏著讓人生變得更具深度的力量。

紅茶因品嘗而美味。

我所敬愛的詹姆士・泰勒在某方面一定也是這麼想的吧。

目錄 | contents

Chapter 3　紅茶的基本認識 • *67*

目錄 ｜ contents

三十分鐘成為泡茶高手

▒ 紅茶充其量只是「材料」

　　我來回奔走斯里蘭卡的紅茶園和茶廠至今已經三十五年了，還記得一開始的時候，晚上就寄宿在茶莊裡，整夜都在鑑定室中喝茶直到天亮。

　　鑑定紅茶時要以湯匙舀茶、「嘶嘶嘶」地喝出聲音，而且正確來說喝進嘴裡的茶應該要吐掉，但當時我卻想都不想地就吞下肚了。廠長一臉疑惑地問：

　　「怎麼了嗎？」

　　他不是問我「味道如何？」而是問「怎麼了嗎？」因為當時我的表情正因口中的茶澀味太重而皺起了眉頭。眼前應該是很好喝的紅茶，我卻無論喝哪一杯都只嘗到強烈的苦澀，完全不知道這茶到底哪裡香、哪裡好喝了。

　　我無法回答廠長的話，只是問他：「這茶喝起來好澀，你喜歡喝澀味這麼重的茶嗎？」

　　他只回答了一句話：「會這麼澀是因為現在是在品茶。」

　　也就是說，這茶並不是為了泡來喝，而是為了鑑定紅茶的特性所泡的茶。

　　鑑定茶葉一律是以三公克的茶葉配上一百五十西西的熱水，但一般人卻誤以為這樣的比例所泡出來的茶最好喝、最像紅茶。換句話說，以一人份一杯一百五十西西的水和三公克的茶葉來計算，

泡紅茶所需用具

沙漏

用來計時蒸茶時間，大多是三分鐘的計時沙漏。設計多樣，可以選擇自己喜愛的款式。

茶壺

以兩人份（七百～七百五十四西西，五杯份）或三人份（一千～一千兩百西西，七杯份）最為常見。

牛奶杯

英國人喝紅茶每一杯大約會加二十至三十西西的牛奶，因此有專門用來盛裝牛奶的小杯子。

保溫套

用來罩在茶壺外的保溫套。一般來說一人份的紅茶約是二～三杯，因此必須藉由保溫套來維持茶壺溫度。

茶漏

一般為不鏽鋼製。發想來自於匙面上有孔洞、用來撈除茶湯表面茶渣的湯匙。

茶匙

不同於咖啡匙，也會用來測量茶葉分量。一匙滿滿的 BOP 型（細碎茶葉，參照第二十五頁）茶葉約是三公克。

茶杯

為了觀察茶色和聞香，最好選擇內側純白、杯口較大的杯子。

如果是以茶壺來泡茶，茶葉用量便是人數加一杯的分量（五～六公克），水則是一百五十西西乘上人數。這和我當時在鑑定室裡皺著眉頭、忍耐著苦澀所喝下的茶是一樣的比例。

廠長笑著說：「平時喝茶不可能泡得這麼澀啦。」

的確，他在宿舍裡所泡的紅茶不但一點都不澀，而且喝起來味道高雅順喉，還有著茶香。這是由於為了讓紅茶搭配食物喝起來更美味，因此會在茶葉和熱水的分量上做調整。

很多人會因為澀味而討厭喝紅茶，這其中便有人十分講究茶葉分量要精確，泡茶時會以茶匙盛了尖尖的一大匙，再依照喝茶的人數加上一杯的分量來泡茶。但意外的是，大家卻都不清楚正確的一人份熱水分量究竟是多少。如同前述，平時喝茶不同於品茶，因此分量必須要能夠搭配點心慢慢品嘗。換言之，一人份的茶量必須要沖上三百五十西西的熱水，也就是差不多可以泡出兩杯半八分滿的茶。

泡茶時首先要讓茶葉在茶壺裡悶蒸三、四分鐘後再倒出第一杯，這時候的第一杯茶可以聞得到茶香。過了十至二十分鐘後，再倒出第二杯，這時的茶有著真正的茶色和茶味。第三杯大約只剩下三分之一杯的分量，將壺中的紅茶全部倒出後，最後再以熱水稀釋出自己喜好的濃度。

最後一滴茶通常又稱為「最醇的一滴」（Best Drop），但事實上喝起來澀味很重。儘管如此卻不說這是「苦澀的一滴」或「最難入口的

一滴」，而是以「最醇的一滴」來形容，這一點實在相當有趣。

　　仔細想想，紅茶也不過只是「材料」罷了，以料理的概念來思考，當然有時淡有時濃，會太冷或太燙，甚至有時還會泡成溫的。假設紅茶的種類只有一種，光用這一種就能做出所有東西，而仰賴的正是泡茶的人的技術。

　　舉例來說，日本人光是用米就能做出許多各種不同的料理，包括醋飯、炊飯、粥、麻糬等，光靠水量的調整就能將簡單的米變化出不同的用途。倘若以這樣的邏輯來思考紅茶，就不再會有「這種紅茶一定要泡多久」的既定概念了。大家不妨就以紅茶料理人的心態，試著開始學習品味紅茶吧。

成就紅茶個性的三大要素

　　紅酒有所謂「濃醇」（full-bodied）的說法，紅茶也是一樣，在鑑定其特色時，只要同時具備味道、香氣和茶色三者，就可以稱得上是「濃醇」的紅茶。

　　液態的紅茶無法像食物透過咀嚼來品味，而是在入口的瞬間嘗到味道。這個味道沒有鹹、辣甚至如砂糖般的甜膩，但苦澀中混合著些微的甜、鮮和苦，而這些便造就了紅茶的味道。

　　澀味是紅茶最大的要素之一，是來自於紅茶中的兒茶素，又稱為「單寧」（Tannins）。單寧指的並非不好的澀味，而是會與香氣結合

產生的茶香。單寧太少則茶味不足，太多就只喝得到澀味，只有適當的含量能稱得上濃醇，「喝起來最像紅茶」。這種說法雖然聽起來曖昧不明，但卻是對紅茶的一種肯定。

針對紅茶的氣味做分析，大約可以得到三百種以上的香氣成分。若以花香來比喻，包含了玫瑰、紫羅蘭、鈴蘭、桂花等；以水果來說則有青蘋果、麝香葡萄、木瓜、山竹、桃子等。除此之外還包含了青菜和綠草的香氣，以及森林裡樹木、落葉和土壤的氣味。總而言之，以人類的嗅覺來說十分難以辨識完全。

舉例來說，一般認為個性強烈的大吉嶺紅茶有著麝香葡萄和香檳的氣味，而中國的祁門紅茶則帶有焦糖和蜂蜜的香氣。另一方面，斯里蘭卡的烏巴茶（Uva）一旦受到季節影響，便會產生玫瑰花與薄荷般清爽的甜味，沖泡時的香氣會讓人聯想到許多芳香。

紅茶的最後一項要素為沖泡後的顏色，一般稱為「茶色」，這也是三大要素中最容易理解的部分。紅茶的茶色大部分是橘紅色，茶種不同，色調濃淡也會有所差異。

也可以用茶色來說明紅茶的特色，例如大吉嶺的春茶有著透明的淡橘色，阿薩姆的茶色是帶有些許黑色的深紅，斯里蘭卡康提所生產的紅茶則有著紅寶石般清透明亮的紅色等。這樣的說法不僅容易理解分辨，也會讓人更想實際品味一番。

在各種飲品當中，紅茶算是個性較弱的一種，無論味道、香氣或茶色都相較淡薄。正因為如此，在品嘗時可以盡情發揮想像，例

如喝起來是什麼味道、有什麼感覺、類似何種香氣等。

評茶師會簡單只用一句「濃醇」來形容，但一般人在喝紅茶時不妨就能用大家都能理解、會讓人也想品嘗的表現來傳達紅茶的魅力。

五秒決定紅茶的美味

二〇一二年二月NHK BS Premium頻道的紀錄節目「愛因斯坦之眼」，針對紅茶進行了一項實驗，最後得到一個結論。

「紅茶要泡得好喝，方法只有一個，那就是以含氧量高的熱水來沖泡。」

關於如何泡出紅茶完美的三大要素（味道、香氣、茶色），英國人根據數百年來的經驗歸納出所謂的「黃金原則」、「八大鐵則」、「十項要件」等，並以此為依據遵循至今。

然而，就算嚴格遵守這些原則，有時候泡出來的紅茶還是有可能味道太淡，或是香氣不足、茶色太淡，甚至還會喝到熱水的味道……。若為了避免這樣的失敗而增加茶葉分量，則又變成澀味太重，口感苦澀。

因此，泡紅茶時真正要遵守的原則只有一個——「觀察熱水的沸騰狀態，在水中氧氣尚未燒光之前熄火」。

只要做到這一點，可以說就能完美泡出美味的紅茶了。

將茶葉放入茶壺中，一口氣沖入剛煮開、含氧量高的熱水，這

時茶葉表面會附著著細微到幾乎看不見的氧氣泡泡，藉由這些氧氣泡的浮力作用，茶葉會飄浮在水的表面。不一會兒，當氧氣泡消失在水中時，茶葉會因為含有水分而慢慢沉入底部，隨後又會透過熱水的對流作用再一次輕輕浮上水面。

這種茶葉上下滾動的狀態稱為「跳躍」（jumping），當茶葉發生跳躍現象時，便會釋放出兒茶素和咖啡因，使得紅茶的味道、香氣以及紅色或咖啡色等茶葉萃取素釋放於整壺茶湯當中。

至於熱水的溫度和含氧量究竟要達到多少才有利於茶葉萃取素的釋出，關於這一點，任職於海洋研究開發機構、專門研究海水及深海地質的理學博士小栗一將在節目中做了以下的實驗。

他設置了一個實驗裝置，先在一塊塑膠板上刷上特殊塗料，再以光線照射，一旦熱水溫度上升，含氧量發生變化，塑膠板的顏色便會跟著改變。如此一來就能清楚觀察到熱水壺或茶壺裡的熱水溫度與含氧量之間的關係。

透過這項實驗他發現了一個驚人的事實。當水溫超過九十度時，水中的含氧量會急速銳減，到了九十九度時含氧量便會完全消失。也就是說，泡紅茶時，無論是一直以來大家所堅信的「滾了之後要再繼續加熱沸騰」的熱水，或是重新再加熱沸騰的熱水，含氧量全都是零。這種熱水倒再多，茶葉上也不會產生氧泡，自然就無法浮上水面。

不過，倘若是九十五至九十八度、含氧量幾乎快消失的熱水，

水中的氧泡會緊密附著在茶葉表面，使得茶葉藉由浮力浮上水面，產生跳躍現象。

反之，九十度以下的熱水雖然含氧量高，卻無法使得茶葉釋出兒茶素和咖啡因。雖然茶葉會因為附著許多氧泡而浮上水面，但奇妙的是它會一直這樣漂浮著，不會沉到底部。這是因為水中的熱對流太弱，水流動力不足以翻動茶葉。

因此，如何分辨熱水溫度達到最適合泡紅茶的九十五度至九十八度，便成了最重要的關鍵。大家可以在熱水壺中倒入約兩公升的水，當水溫來到九十度時掀開蓋子稍加觀察，但千萬小心不要燙傷了。當水溫到達九十度時，沸騰的聲音會從「咻～」變成「嗡～」的低沉音響，這是耳朵可以聽得到的溫度變化。

再以肉眼觀察，當水溫到達九十度時，熱水壺的內側會開始產生霧氣般的細微氣泡，到了九十三度時，水壺內側和水面中央附近也會產生氣泡。九十五度時氣泡變多，水面浮出大氣泡，聲音也會變成大聲的「嗡～」。到了九十九度，水面上的氣泡會激烈翻動，咕嚕咕嚕地水花四濺。

燒開水的重點就在於掌握熱水達到九十三度至九十五度的最佳水溫，如果錯失這個溫度，到了九十八度都還算是勉強可以接受的水溫。水溫從九十五度上升到九十八度只在一瞬間，約五秒左右。雖然時間很短，但只要細心觀察，任何人都能掌握這決定紅茶美味的關鍵時刻。

讓茶葉成功產生跳躍的方法

簡單來說，不管任何紅茶，只要沖泡時能成功產生跳躍現象，便能使得茶葉的特性獲得完全的發揮，泡出味道、香氣和茶色皆完美的紅茶。

跳躍現象會發生在茶壺中，因此只要條件具備，自然就會順利發生。以下將列舉出讓茶葉產生跳躍現象的小技巧，以及之所以失敗的原因。大家可以依照自己的狀況進行判斷。

讓茶葉成功產生跳躍的技巧

① 無論使用的是硬水或軟水，一定要用新鮮的水。如果是裝在寶特瓶裡的水，使用前要先將水倒掉一些後再蓋上瓶蓋，上下搖晃約十次，讓空氣混入水中。

② 即使只打算泡一人份的分量（三百五十西西），燒開水時水量也要增加，至少要一公升以上。水量太少相對地含氧量會較低，一沸騰氧氣立刻會被燒光。

③ 以大火快速將水燒開，熄火的最佳時機是水溫九十五度至九十八度之間，當水面產生大氣泡、水花四濺時就要馬上熄火。

④ 如果室溫太低或熱水壺冷掉了，必須先以熱水溫壺。

⑤ 倒入熱水時要一口氣往茶葉沖下去，如此一來氧氣泡會更容

易附著在茶葉上，使得茶葉浮在水面上。

⑥ 浮在水面上的茶葉會隨著氧氣泡消失而慢慢沉到水底，之後再藉由熱對流作用浮上水面。如此反覆幾分鐘後，最後完全沉入底部。

　　一般人大多會先在廚房或火源旁將熱水倒入茶壺後再端到桌上，受到這之間移動的震動影響，跳躍現象會更加激烈。如果想透過耐熱玻璃壺觀察茶葉的跳躍，除了靜置之外，也可稍微搖動瓶身，便能看到茶葉如雪片般輕飄落下又再浮起的現象。

無法產生跳躍現象的原因

　　有時將熱水倒入茶壺後，茶葉雖然會因為水流而立刻浮上水面，但隨即便沉入水底不再浮出，或是完全浮在水面上而不再沉到底部，也就是無法產生跳躍現象。這個時候可能的因素有以下幾點：

① 熱水的水量太少，只有四百至五百西西。

② 熱水溫度太低，只有七十至八十度。由於溫度太低相對地熱對流的能量會比較弱，使得茶葉無法產生跳躍而一直浮在水面上。

③ 以重新加熱沸騰過的熱水來泡茶。

④ 以長時間（五至十小時）靜置不動的水來泡茶。

⑤ 直接用寶特瓶裡的礦泉水來泡茶。

⑥ 熱水瓶的出水口太小，導致倒水時水沖的力道不夠。

少了跳躍現象所泡出來的紅茶，味道和茶色都會比較淡，香氣也不足，喝起來還有股熱水的味道。但如果還是想喝、捨不得丟掉，可以打開蓋子以湯匙輕輕來回攪拌兩、三次，再蓋上蓋子靜置四、五分鐘。如此一來，雖然味道不會像有跳躍現象的紅茶，但澀味和水色會變得比之前要來得濃郁。

　　重要的是要學會分辨有跳躍現象和沒有跳躍現象所泡出來的紅茶有何不同，紅茶好喝與否，通常只決定在那麼一點點細節當中。

▨ 紅茶要泡了才知道好壞

　　紅茶的好壞要喝了才會知道，但在沖泡之前，有時也可以根據茶葉來判斷好壞，因此最好先學會看懂包裝上有關茶葉的標示。買茶葉時，有些包裝可以實際看到茶葉的形狀，但一些罐裝或盒裝、無法直接觀察的情況，就必須根據外包裝上的標示來了解茶葉的狀態。

　　以標示來說，最常聽到的「OP」原文為「Orange Pekoe」，中文翻譯為「橙黃白毫」。這種茶葉所泡出來的紅茶茶色橘中帶黃，葉子表面有些許嫩芽纖毛，嫩芽較多則品質較好。

　　先不管更深入的探討，在這裡首先要瞭解的是，「OP」所指的並不是紅茶的種類，而是用來表示茶葉的形狀，例如茶葉形狀較大的烏龍茶或日本綠茶也都稱為「OP」。

　　目前市面上的OP類紅茶大多是印度的大吉嶺或中國的祁門，非

跳躍

只要泡茶時成功產生跳躍現象，便能使得茶葉的特性獲得完全的發揮，泡出味道、香氣和茶色皆完美的紅茶。

3 經過一段時間之後，茶葉漸漸吸收水分，因為重力的關係會如雪片般往下沉。

1 茶壺裡放入適量茶葉，將剛沸騰的熱水一口氣沖入壺中，使大量氧氣帶入水中。

4 沉入底部的茶葉藉由茶壺內熱水的對流作用而開始上下滾動，這便是茶葉的跳躍現象。

2 水中氧氣形成氣泡附著在茶葉上，茶葉會因氧泡的浮力而幾乎全浮上水面。

5 跳躍現象產生時，茶葉有時會再一次集中浮在水面上，但最後一定會因為水的重力而全部沉入底部。

常好辨識。

接下來，「BOP」（Broken Orange Pekoe）則是將「OP」切碎後的茶葉。出口量占世界第二的斯里蘭卡便以「BOP」類為一大特色，因此一般而言，「BOP」類就成了斯里蘭卡和錫蘭紅茶的代名詞。

「F」表示的是「Fanning」，也就是比「BOP」更細碎的茶葉，大多是用來加強味道，一般會混合其他茶葉一起使用，或是做成茶包方便迅速泡茶。

另一種被稱為「未來紅茶」的是「CTC加工茶」（Crush Tear Curl），這種作法是將茶葉連同原本應該去除的茶梗和莖部一起碾碎、撕裂後揉捲成圓球狀，製成紅茶。

這種茶葉由於包含了茶葉以外的其他部位，因此澀味較淡，比較順口。主要以印度的阿薩姆和尼爾吉里（Nilgiri）為主，就連紅茶出口量世界第一的非洲肯亞等，總生產量的百分之七十也都全製做成了「CTC加工茶」。

根據茶葉形狀來判斷味道，一般來說外形較大的茶葉澀味優雅順喉，細碎的茶葉則澀味重而強烈。

然而就如同前述，紅茶不能單憑外觀，要泡了才會知道真正的味道。說到鑑定或品茶，總會讓人感覺像評茶師等專家要評鑑商品般十分困難，但在這裡我要教大家一個簡單判斷紅茶的方法。

在本章一開始曾提過，專家在鑑定紅茶時會將三公克的茶葉和一百五十西西的熱水放入評鑑杯中一起沖泡。換言之，利用評鑑杯

茶葉的形狀

標示	名稱	形狀
OP	Orange Pekoe	葉片大而完整，長度約一至一點五公分。
BOP	Broken Orange Pekoe	兩、三公厘的細碎大小。
F	Fanning	如砂粒般大小，僅約一公厘。
CTC	Crush Tear Curl	茶葉經過加工，外形為直徑約一至三公厘的顆粒狀。

來泡茶是最快速瞭解茶葉的方法。不過,這個分量比例所沖泡出來的紅茶十分濃郁強烈,幾乎一小匙就能喝出味道,並非一般喝茶時所感受到的「好喝」,因此很難以此判斷茶葉的好壞。

最好的方法還是以茶壺沖泡一人份的茶來判斷。在茶壺裡放入四至五公克、約兩茶匙的茶葉,以及三百五十四西西、約兩杯半茶杯分量的熱水,蓋上蓋子三分鐘後倒出第一杯紅茶,這一杯紅茶可以用來判斷味道和香氣。十分鐘後倒出第二杯,觀察真正的茶色、澀味及氣味。

瞭解茶葉的澀味強度、香氣特性和茶色濃淡之後,再透過嘗試各種變化,從最基本的紅茶、奶茶、冰茶到添加水果或香草、香料等各種風味茶,就能找到最適合自己的喝法。如果能進一步推測適合搭配何種食物一起品嘗,就算成功了。

不需要一開始就先嘗試頂級的茶種,可以先從手邊現有的紅茶開始瞭解。透過瞭解茶葉的特性,泡茶時就會知道該怎麼拿捏茶葉的分量了。

▒ 水是決定紅茶風味的重要因素

相信大家無論是否去過英國,一定都會覺得英國的紅茶很好喝。我曾經造訪過倫敦、蘇格蘭和愛爾蘭十幾回,喝過許多當地的紅茶,其中尤其倫敦的紅茶雖然有著咖啡般的濃黑茶色,喝起來澀味卻很

淡，到了後味幾乎完全感覺不到茶澀，十分順口。

我認為這順口的口感正是英國紅茶之所以好喝的主因，不過相對地，紅茶本身的特色卻讓人感覺稍嫌不足。然而，在倫敦買了茶葉回到日本一泡，深紅的茶色清澈透亮，有著紅茶該有的香氣，喝起來也有強烈的澀味。

這其中原因就在於水質的不同。倫敦市中心半徑三十公里以內的水質為硬度一百二十至兩百度的硬水，且富含鈣和鎂等礦物質。離市中心愈遠，水質硬度愈低，約為一百度以下，幾乎等於軟水。

以高硬度的水來泡紅茶，紅茶中的兒茶素會與水中的礦物質結合產生化合物，使得茶色透明度較低，呈現暗紅色。澀味和香氣也比較淡，使得紅茶的特色相對較弱，因此喝起來口感清爽，不會殘留澀味。雖然茶色濃郁，味道卻較清淡。

相較於此，日本的水質硬度約只有三十至九十度，屬於軟水，因此泡出來的紅茶茶色比較淡，不過喝起來味道和香氣卻很強烈，口中餘韻較長。但味道重表示澀味也比較強，等於增加了不好的口感，因此比起英國，一般都認為日本的紅茶太澀、口感不佳。

若單以泡紅茶的觀點來看，軟水所泡出來的紅茶在味道、香氣和茶色的清透度上的確比較優異，但如果要說好不好喝，答案則完全相反。

英國人喝紅茶幾乎都會加牛奶，暗沉的茶色在加了牛奶之後會變成咖啡色，視覺上看起來比較美味。在味道方面，由於加了牛奶，

澀味變得更淡，一入口先是嘗到茶澀味，接著伴隨著牛奶一起吞下去後，口中僅剩清爽的後味。換言之，感覺到澀味的時間只有一開始的五、六秒。

對英國人而言，紅茶必須搭配食物一起品嘗。在大快朵頤起司或奶油等高乳脂的食物，或是像炸魚薯條等油炸物或油脂豐富的鮭魚之後，喝上一口紅茶，以便讓下一口食物能再嘗到美味。這個時候，澀味或香氣太強烈的紅茶，或者是加了奶油口感變得濃郁的奶茶，都會影響到食物的美味，因此不受英國人的青睞。

如果日本人在英國喝紅茶不配任何食物，想必一定不覺得紅茶好喝。不過如果搭配著英式早餐、午餐或午茶一起喝，就會覺得清淡爽口的英國紅茶很美味。

對紅茶而言，水是決定風味的重要因素。在過去，大家用的都是當地的水，但如今無論是硬水或軟水，世界各地的水都可以輕易購得。以下將列出幾個選擇水時要注意的重點。

① 印度的大吉嶺、阿薩姆，或斯里蘭卡的烏巴等地的紅茶澀味較強，必須用像愛維養（evian）等地的硬水（硬度三百四十度）來沖泡以降低茶澀感。此外，這些產地的紅茶茶色較深，加了牛奶做成奶茶之後顏色也相對較暗沉。

② 澀味和香氣較淡，或是特色不易彰顯的紅茶，以富維克（Volvic）或日本的自來水來泡就能帶出茶葉的味道和香氣。

另外特別要注意的是淨水器或市面上以寶特瓶販售的鹼性水，這些水若針對礦物質來判斷雖然屬於軟水，但以酸鹼質來說卻是鹼性，和硬水一樣會使得茶色較深，澀味較淡。至於香氣方面，則不會產生任何影響。

　　瞭解各種水質，將水當成可以左右紅茶特色的材料來運用，如此一來將能更加享受到喝紅茶的樂趣。

茶壺與熱水壺的作用

　　在品嘗各種茶時，紅茶有個被容許的特權，那便是大家可以隨個人喜好加熱水調整自己杯中紅茶的濃淡度。無論是誰泡的茶，喝茶的人都可以這麼做。

　　在五星級飯店裡的高級下午茶也好，或者是在家裡自己泡紅茶，桌上一定都會擺著茶壺和裝熱水的熱水壺。

　　英國人覺得最好喝的紅茶，不是在咖啡店也不在飯店裡，而是一家人聚在一起，從小孩到年長者，不分男女老少大家圍著桌子，喝著同一只茶壺裡的紅茶。小孩喝的是剛泡好、味道最淡的紅茶，他們總是喜歡加入大量的牛奶。年長者則等著享受那最後「最醇的一滴」，但偶爾這最後一杯茶味道會稍嫌濃郁強烈，這時就可以用熱水壺裡的熱水來稀釋，調成自己喜歡的味道。

喝茶扮家家酒（十九世紀中期）。一種紅茶遊戲。當時的女孩子都非常喜歡這種倒茶、喝茶的扮家家酒遊戲。

熱水壺原本是因應喝日本綠茶或中國茶時回沖第二泡和第三泡時所需，因而應用在泡紅茶上，如今仍然有人會在泡OP類的大吉嶺或祁門茶時，在熱水壺中添加熱水沖泡第二回。不過自從斯里蘭卡細碎的BOP類茶葉大量生產問世之後，如今一般普遍的喝法是只飲用第一回沖泡的紅茶，從第一杯到最後一滴，倘若太濃再以熱水稀釋。

　　BOP類的茶葉外形細碎，一旦再一次沖入熱水時，已經沖泡開的細碎茶葉纖維質會隨著茶倒入茶杯中，喝的時候便會感覺到強烈的澀味，口感也變得不好，因此通常不會再沖泡第二回。

　　在茶館或飯店喝紅茶時，服務生將茶壺裡的紅茶端上桌後，稍微隔一段時間會再送上熱水壺。這是因為他們知道第一杯紅茶澀味較淡，但到了第二杯左右澀味會開始變濃，這時就必須加熱水稀釋。但如果太早送上熱水壺，等到要加水時熱水已經變涼，因此才會稍微隔一段時間後再送上。換言之，送上熱水壺的時間點是經過細心考量的結果。

　　如果聊得太開心、時間超過兩個小時，服務生也會每隔二、三十分鐘來添加熱水壺裡的熱水，為的就是希望客人能多少喝到較熱的紅茶。

　　服務生雖然會事先替客人在茶壺裡注入熱水、將產生跳躍現象的紅茶端到桌前，但如此注入熱水的舉動並稱不上是泡茶。真正的泡茶，必須在桌前詢問喝茶的人對茶的喜好並現場沖泡。

　　牛奶的分量、澀味的濃淡，過去甚至連糖要加多少都會事先詢

下午茶（十九世紀後半）。當時的人習慣午後吃著小點心搭配紅茶一起喝，而且
不只是大人，小孩子也可以參加。

問。沖泡紅茶雖然不像準備料理，但這小小的一杯茶裡卻包含了迎合對方喜好的細膩貼心，因此在英國，招待客人喝紅茶被視為可媲美高級餐宴。

近來喝茶包的人漸漸變多，但即使是茶包也有個人偏好的味道，所以泡茶時準備一壺熱水仍然是必要的。

▓ 牛奶比紅茶更要講究

喝紅茶的人應該都想過一個問題，「牛奶先加或後加」這到底是泡茶規則上還是美味上的問題？英國著名小說家喬治・歐威爾（George Orwell）在散文〈泡一杯好茶〉（A Nice Cup of Tea）中曾主張，泡茶時應該「先倒紅茶，再加牛奶」。究竟為何世人會針對牛奶加入的時間點爭辯超過一個世紀之久，就連像他這樣的名人也必須如此提出自己的看法？

主張應該先倒牛奶的一方認為，如此一來在之後要再加紅茶時，可以藉由分散作用讓兩者混合得更均勻，香氣更容易散發。而堅持先倒紅茶的人則認為，牛奶之後再加比較容易掌控添加的分量。如此無謂的爭辯長久以來一直存在著。

然而，英國皇家化學學會（Royal Society of Chemistry）於二〇〇三年六月二十四日向全世界的媒體發表了一則新聞稿，針對「如何泡一杯完美的茶」（How to make a Perfect Cup of Tea）做出了定論。英國

沖泡奶茶的方法

日本所謂的奶茶（milk tea），英文的說法為「tea with milk」。
奶茶一般傳統的作法是將紅茶倒入常溫的牛奶中。

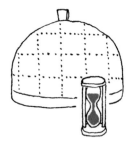

1 先泡紅茶。茶葉分量要比一般較多，經過一段時間的沖泡，讓茶葉散發濃郁香氣和味道。

3 倒掉溫杯的熱水，注入經過低溫殺菌的常溫牛奶，分量約二十至三十西西，感覺會比想像中要來得多。

2 先在茶杯中注入熱水，放置約一、兩分鐘以溫杯，避免倒入常溫牛奶後牛奶會冷掉。

4 以茶漏將濃郁的紅茶由
上往下沖入牛奶中。

5 將紅茶倒至約九分滿。
雖然牛奶是常溫，但加
入滾燙的紅茶後喝起來
不至於太溫涼，可以品
嘗到熱呼呼的奶茶。

奶茶好喝的祕訣

❶ 茶葉用量要比單喝紅
茶時要來得多。

❷ 先溫杯，避免牛奶倒
入杯中後涼掉。

❸ 紅茶必須倒至茶杯的
九分滿，確保奶茶能
保持溫熱。

皇家化學學會是英國最具權威的組織之一，裡頭包含了國內外約四萬九千名科學家及化學產業相關人士，該組織更於一九八〇年受伊莉莎白女王冊封「皇家」稱號。

在該份新聞稿中，隸屬於學會的羅浮堡大學（Loughborough University）安德魯‧斯特普利博士（Dr Andrew Stapley）提出，泡紅茶時應該「先加牛奶」（milk in first）的結論。

他的驗證內容包含了美味的沖泡方法在內共十項，針對「先加牛奶」的理由，提出了以下的論點。

首先，應該要用低溫殺菌的常溫牛奶，不可使用經過超高溫殺菌（UHT）、蛋白質已因受熱而產生變性的牛奶，這種牛奶會破壞紅茶的美味。

至於牛奶應該要先加的原因在於，實驗證明牛奶中的蛋白質會在攝氏七十五度時產生變性，換言之，將牛奶倒入熱紅茶中，牛奶一定會因為高溫而產生變質。相反地，在冰牛奶中慢慢倒入熱紅茶，牛奶的溫度會上升得比較緩慢，也就不容易引起質變。只要不是用塑膠杯，通常經過攪拌之後，牛奶的溫度都不會高於七十五度。

對牛奶十分講究的英國人，泡紅茶時所用的牛奶絕對不會事先溫熱至常溫狀態，即便在寒冬中也是如此。這是因為一旦將牛奶倒入鍋中加熱，與鍋面接觸的牛奶則會因為高溫而產生極大的變質，形成一股焦臭味。蛋白質燒焦會產生硫化氫，成為一股無法與紅茶結合的異臭味。除此之外，加熱過的牛奶其蛋白質也會因為熱凝固

作用而變得較濃郁，使得紅茶喝起來不夠清爽。

「無論任何一種紅茶，牛奶才是美味的關鍵。」

雖然這樣的說法很巧妙，但對英國人來說，這是他們堅信不移的原則。

紅茶的沖泡與品嘗方法

英國人沖泡紅茶時絕對會遵守的原則是「一定要先溫壺和溫杯」。

如同前述，紅茶必須藉由九十度以上的熱水沖泡才能釋放出茶葉裡的兒茶素和咖啡因，因此，當室溫太低或茶壺太冰時，最好將茶壺事先溫熱。至於為什麼要溫杯，以品嘗紅茶來說，即使沒有事先溫杯，所倒入的第一杯紅茶溫度大約都有七十度以上，是足以燙傷嘴唇和口腔的溫度。如果再加上事先溫杯，紅茶的溫度勢必會更高，根本沒辦法直接喝。特地沖泡的熱紅茶，如果喝起來只感覺到滾燙，就無法感受紅茶纖細的風味了。

不過，如果是沖泡奶茶的情況，英國人所說的這個原則便可成立。以先加牛奶的情況來說，雖說加的是常溫牛奶，但冬天的常溫通常都只有五、六度。在杯子裡倒入二、三十西西如此冰涼的牛奶，即使再加入熱紅茶，溫度也會因為牛奶的低溫而變得溫涼、不夠熱。因此，事先溫熱杯子後再倒入牛奶，最後就能品嘗到一杯熱呼呼的奶茶了。

沖泡紅茶的方法

這裡指的是不加牛奶的純紅茶。
懂得品嘗這樣的喝法，才是充分享受紅茶的第一步。

1　熱水壺裡倒入大量的水加熱煮沸。當水面開始咕嚕咕嚕地泡出水泡、快要沸騰時就要熄火。

3　注入熱水時要以約二十至三十公分的高度一口氣往下沖，藉此將大量氧氣帶入熱水中。

2　在事先溫熱過的茶壺裡放入茶葉。一般而言，茶葉的用量為人數加一杯的量，但如果用的是軟水，每小匙的分量可以稍微少一點。

4　使用陶瓷茶壺無法從側面觀察到茶葉的狀態，這時可以改由上面觀察，確認茶葉浮上水面後便可蓋上蓋子。

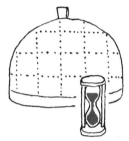

5 套上茶壺套保溫，讓茶葉
繼續悶泡。BOP 類的茶葉
約泡三分鐘，OP 類的則需
要約六分鐘。

7 如果是一次泡多杯紅茶，倒
茶時要以少量輪流的方式來
分倒，讓每一杯茶的濃度都
能保持相同。

6 使用茶漏將泡好的紅茶倒
入杯中並過濾出茶葉渣，
倒的時候稍微輕輕上下搖
晃茶壺。

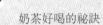

奶茶好喝的祕訣

❶ 懂得依照不同的茶種
調整茶葉的分量。

❷ 注入熱水時一口氣往
茶葉沖下去。

❸ 以沙漏正確計量悶泡
的時間。

此外，沖泡奶茶時另一個重要的方法是，將紅茶倒至約茶杯的九分滿。只要多加一西西的熱紅茶，就能使得最後泡出來的奶茶溫度變得更高。

但這麼一來麻煩的是，一旦倒到九分滿，端起杯子喝茶時可能會溢出來。這時候所想出來的方法就是將杯子連同底下的杯盤一起端起，如此一來就算不小心溢出來也沒關係。

雖然這一切看似合理，但紅茶畢竟是全家人一同享用的東西，最重要的是無論大人小孩都能盡情地喝到美味的溫熱紅茶，而不是要求大家一定要端著茶盤喝茶等，將規矩禮儀擺在第一。

▨ 正統冰茶的沖泡方法

紅茶通常是喝熱的，加入冰塊成了冰紅茶，一般被視為是不正統的喝法。然而，在一九〇四年於美國聖路易市所舉辦的萬國博覽會上卻發生了一件事。當時正值酷熱的七月，沒有任何人想試喝紅茶，於是來自英國的理查·布萊契登（Richard Blechynden）便將冰塊放入紅茶中，稱為「冰茶」（iced black tea）向往來的人們推薦試飲，沒想到大受歡迎。這段故事後來也被視為是冰茶的起源。

在炎熱季節裡來上一杯冰茶會讓人感到清涼美味，日本的夏天總是酷熱，因此市售的保特瓶裝冰茶銷售非常好。紅茶如今盛行於全世界一百二十六個國家，其中百分之八十喝的是熱紅茶，包括印

度香料茶、英國奶茶、俄羅斯紅茶，以及阿拉伯人每天必喝的阿拉伯紅茶等，全都是熱紅茶。以這些國家的氣溫來考量，或許可以接受喝冰茶，但事實上這些地方對於冰塊的取得並不容易。就算有，以淨水或殺菌過的水製作冰塊所耗費的成本也很高，相對地也提高了冰塊的售價。自來水能夠用來直接做成冰塊的國家，幾乎只有日本了。

只有在日本，冰茶成了以保特瓶販賣的紅茶，占日本紅茶銷售量的第一名。不過，市售的紅茶味道一致，無法依照自己喜好選擇口味濃淡度和茶葉特色，因此熱愛喝紅茶的人，不妨可以利用以下的簡易方法來自行沖泡冰茶。

① 冰茶所用的茶葉要選擇澀味較淡、茶色較漂亮的茶種，建議可以選用斯里蘭卡的康提或汀普拉（Dimbula）所產的茶。

② 將十克的紅茶與一公升的熱水放入茶壺中悶泡約十分鐘，必須讓茶葉產生跳躍現象。

③ 利用茶漏將紅茶過濾至耐熱容器中，接著加入約四百克的冰塊（約兩手合捧的分量）混合攪拌稀釋。

④ 完成的冰茶會有一千三百西西（十人份）。將冰茶倒入有蓋子的保存容器中，放置常溫可保存約十小時。冷藏會使得茶裡頭的單寧產生結晶而造成茶色變得白濁（cream down，乳化現象），應盡量避免。

Chapter

紅茶小常識

▒ 大吉嶺、阿薩姆、祁門、錫蘭的特色

　　很多人到咖啡店或茶館、飯店等品味紅茶時，就算看得懂菜單上羅列的紅茶名稱，但對其味道、香氣甚至與食物的搭配性卻完全一無所知。非但如此，服務生還會接著追問「請問您是要加牛奶還是檸檬？」一般對於紅茶完全不瞭解的人根本無從回答。

　　在此將介紹幾款常見的代表性紅茶與其特色，希望大家以後點餐時不會再因為不懂而心生膽怯，可以自信地選擇適合的紅茶。

大吉嶺紅茶（Darjeeling）

　　大吉嶺位於印度西孟加拉省北方一處海拔約兩千三百公尺的高地，十九世紀後期，這裡開始種植來自中國福建省的綠茶種子和茶苗，進而改良成為後來的紅茶。大吉嶺由於位處喜馬拉雅山區，再加上低溫影響，使得這裡的紅茶一年可採收三回，且各自具有不同風味。

🍃 春摘（First Flush）

　　每年大吉嶺紅茶的第一摘，採收期約在三月上旬至四月，揭開喜馬拉雅山春季的到來。採收量極少，因此市場價格昂貴。茶葉外形屬於OP等級，綠茶般的色調中帶有許多稱為「白毫」（Silver Tips）的銀白色嫩芽。有著麝香葡萄和香檳的香氣，澀味強烈順口，茶色

淡薄，適合單獨飲用。

🌿 夏摘（Second Flush）

採收期為五月至六月底，具備了味道、香氣與茶色三大要素，又稱為初夏的紅茶。有著麝香葡萄的香氣，澀味強烈，茶色為橘紅色。最適合的品味方式為第一杯單獨飲用，第二杯再加牛奶。

🌿 秋摘（Autumnal Flush）

秋天採收的大吉嶺是每年最後一期採收的紅茶，採收期為十月至十一月。熟成水果的香氣中殘留著綠茶特有的草綠風味。深紅的茶色中有著強烈而濃郁的澀味，適合加牛奶一起飲用。

阿薩姆紅茶（Assam）

阿薩姆位處印度東北部廣大平原，有著喜馬拉雅山和布拉馬普特拉河（Brahmaputra River）的地理環境。印度半數以上的紅茶全產自這裡，大部分屬於CTC加工茶，是印度人最常用來沖泡香料茶的茶種。

阿薩姆紅茶味道濃厚深韻，有著深厚的澀味，香氣純正，茶色暗紅不透明。適合搭配牛奶，最常用來做成奶茶或香料茶。

祁門紅茶（Keemun）

中國代表性的紅茶，與大吉嶺和斯里蘭卡的烏巴並列為「世界三

大茗茶」。祁門位於中國東南部的安徽省，屬於亞熱帶氣候，年平均溫度雖然很高，但由於地處山區，日夜溫差較大，一年當中約有兩百天都在下雨。如此氣候環境非常適合栽種紅茶，所種出來的紅茶有著與印度和斯里蘭卡紅茶完全迴異的風味特性。

祁門紅茶的澀味適中，味道深厚濃郁。香氣帶有焦糖的甜膩，又像菊花或成熟的柿子、梨子、蘋果等。茶色為深紅中帶點紫色。獨特的個性在英國也很受歡迎，無論單獨飲用或加牛奶都很適合。

錫蘭紅茶（Ceylon）

錫蘭於一九四八年自英國殖民中獨立，一九七二年更改國名為「斯里蘭卡」，之後這裡所生產的紅茶便成為斯里蘭卡紅茶，但至今一般仍大多稱為錫蘭紅茶。錫蘭紅茶依栽種區海拔不同共分為六大產地，在不同氣候、風、霧及日照的影響下各自擁有獨特的個性與特色。

努沃勒埃利耶（Nuwara Eliya）

味道清爽，有著順口的澀味。青草般的香氣中帶有水果的香甜氣息。茶色為淡薄的橘紅色，適合單獨飲用。

烏達普塞拉瓦（Uda Pussellawa）

味道類似努沃勒埃利耶紅茶，澀味強烈而清爽。每年一至二月

受到季風的影響，香氣和味道比其他產區更強烈，且帶有薄荷般的香氣。茶色因製茶方式而異，一般來說為清透的橘紅色。不僅適合單獨飲用，加牛奶也很美味。

🍃 烏巴（Uva）

「世界三大茗茶」之一。面向孟加拉灣的烏巴受到七、八月的季風影響，所生產的紅茶有著清爽的薄荷香氣，以及山竹和青蘋果般的氣味。烏巴紅茶大多澀味強烈，茶色深紅，適合搭配牛奶做成奶茶飲用。

🍃 汀普拉（Dimbula）

斯里蘭卡的代表性紅茶，具備了味道、香氣、茶色三大要素。在一、二月季風的吹拂下，成就出茗品季節（Quality Season，全年當中茶葉品質最好的季節）的強烈個性。玫瑰般的花香中混合著新鮮綠葉的香氣，深橘紅色的茶色無論單獨飲用或加牛奶都很適合。

🍃 肯亞（Kandy）

肯亞為錫蘭紅茶的發源地，大多栽種在四百至六百公尺的低海拔地區。順口的味道與香氣是肯亞紅茶的最大特色。茶色偏紅且清透，適合做成冰茶及各種風味紅茶。

🍃 盧哈娜（Ruhuna）

斯里蘭卡海拔最低的紅茶產區，受到南部氣候的影響，茶葉生
長良好，葉形較大。由於高溫使得發酵加速，所沖泡出來的紅茶澀
味濃厚深韻。香氣甘甜如蜂蜜和焦糖，茶色深紅。可單獨飲用，與
牛奶尤其搭配，建議一定要試試泡成奶茶。

▨ 紅茶與綠茶的差異

十七世紀初期最早傳入歐洲的茶葉，為中國的綠茶以及福建省
的「正山小種」紅茶，兩者外觀分別為綠色與黑色。

沖泡之後，綠茶呈現淡淡的黃綠色，紅茶則是深黑的暗紅色，
兩者差別更是明顯，就好比黑胡椒與白胡椒般容易理解。由於差別
非常大，甚至讓人誤以為這是兩種完全不同的植物。日本近來也開
始種植紅茶，茶農會同時生產綠茶和紅茶，因此大家才漸漸瞭解這
兩種茶其實是出自同一種茶樹。

茶樹屬於山茶科植物，學名「Camellia sinensis」。「Camellia
sinensis」分為兩大種，一種為葉片較小的小葉種，稱為「中國種」。
大葉片的則為大葉種，大多見於中國雲南、四川等地，以及緬甸和
印度等亞熱帶地區，又稱為「阿薩姆種」。

中國種茶樹的葉子約有兩指寬，普遍栽種於中國東南部一帶，
包括日本的綠茶同樣是出自於中國種，因此對中國及日本人來說較

斯里蘭卡的採茶人。茶園位於海拔一千八百公尺，早晚氣溫約十二～十三度，甚至好幾次還下起冰冷的霜。這裡的茶葉完全靠人工手摘，每一片茶葉上都殘留著採茶人手指的溫度。

為熟悉。阿薩姆種茶樹學名為「Camellia sinensis var assamica」，葉形較大的甚至可以長到跟手掌一樣大。這兩者之間的差別若以小番茄和大番茄來比喻便能容易理解，雖然兩種番茄吃起來味道一樣，但無論果肉或果汁含量、料理手法等全都不盡相同。

匯整以上內容，綠茶主要用的是中國種，紅茶則多用阿薩姆種，兩者都是茶樹，都可以用來做成綠茶和紅茶。

綠色的生葉摘下後會立刻經過蒸菁或炒菁等加熱處理，保留葉子原本的綠色，再經過揉捻、乾燥後便成為綠茶。

另一方面，紅茶的製成則是將摘下的生葉靜置萎凋使其水分揮發，接著再藉由揉捻破壞茶葉纖維，生成葉汁與氧氣作用產生發酵而成。就好比將蘋果磨成泥靜置數十分鐘後，果泥會變紅，最後轉為咖啡色。紅茶的製成也是如此，將茶葉從綠色變為茶色、咖啡色，最後再以一百度以下的低溫乾燥阻斷發酵，成為紅茶。

阿薩姆種的茶樹所製成的紅茶兒茶素含量較高，澀味強烈明顯，韻味十足。相對於此，中國種茶樹所製成的紅茶由於發酵作用較弱，喝起來澀味較淡，味道類似烏龍茶。但也因為澀味較淡，因此喝起來較為順口，不加牛奶或砂糖也能直接品嘗，很適合用來搭配日式料理。

另一方面，主要生產紅茶的阿薩姆種產地近來受到綠茶盛行的影響，有些地方也開始以阿薩姆種的茶樹來生產綠茶作為外銷。這種綠茶比起中國種的綠茶味道要來得深厚，少量就能泡出十足的風味，茶色更是清透不濁，相當受到好評。至於究竟要選擇哪一種茶

葉、如何沖泡，就全憑各人運用茶葉的技術了。

紅茶的英文為什麼是「black tea」？

　　紅茶的茶葉雖然是黑色，但在中國卻稱為「紅茶」，這是因為「紅茶」的名稱取自於茶的茶色。換言之，因為泡出來的茶是紅色的，所以稱為「紅茶」。紅茶從中國傳到日本之後，日本人便直接沿用原有的名稱，因此同樣稱為「紅茶」。

　　另一方面，對歐洲人而言，將綠色的茶葉及茶色的茶稱為「綠茶」，而以硬水沖泡出來的紅茶，茶色相較於紅色要來得黑，再加上茶葉本身也是黑色，於是便以「black tea」來稱呼。

　　但是，英文的「black tea」包含了兩個意思，一指的是不加牛奶單獨飲用的喝法。在這裡，即使加糖也無所謂，因此與加不加糖毫無關係。另一層含意指的是紅茶茶葉本身。無論是中國的紅茶，或是印度及斯里蘭卡的紅茶，在英文上都稱為「black tea」。

　　在日本，不加牛奶單獨飲用的喝法，一般稱為「純紅茶」（straight tea），但在歐美國家，「straight」這個字大多用來指喝威士忌等酒類時不兌水直接喝的喝法，或是加冰塊一起喝，用在紅茶的情況上難免會讓人覺得不是很恰當。這意思就好比在日本加熱清酒稱為「お燗する」（okannsuru），但加熱味噌湯等其他情況下卻不用這個詞。若外國人將「お燗する」用來指「加熱味噌湯」，對日本人而言同

樣會覺得不是很恰當（譯註：「お燗する」通常用來指加熱清酒）。

雖然日本人「straight tea」的用法不是很恰當，但由於「black tea」的說法會讓人感覺又黑又澀，無法入口，聽起來不是像小孩或女性也能喝、口感清爽順口的茶飲，所以改用「straight tea」來形容完全不加東西直接飲用，這樣的說法對日本人而言或許還比較容易理解也說不定。

順帶一提，如同前述，「milk tea」同樣是日本才有的說法，英文雖然也有「tea with milk」或「white tea」的說法，但那樣的說法並不適合男性使用。

日本甚至還有「royal milk tea」（皇家奶茶）如此華麗、聽起來特別美味的說法，但事實上這也是日式英文之一。這或許是因為冠上意指王室的「royal」一詞，會讓人感覺彷彿身處在英國白金漢宮喝茶吧。

「royal milk tea」對日本人而言指的是加了大量牛奶、比一般奶茶更香醇、更高級的紅茶，就意義上來說，這樣的名稱似乎還說得通。但再怎麼說也是日本人在日本喝紅茶，既然如此，或許就沒有特別必要取一個有英國風情的稱呼了吧。

如何找到自己喜歡的紅茶？

不同產地、茶園或茶商所生產出來的紅茶，無論味道或香氣都不盡相同。想一一瞭解這些紅茶的特色，實在不是一件簡單的事，

更別說要找到自己喜愛的紅茶，或許更是難上加難。除此之外，品味紅茶並非只限定同樣味道或香氣的某一款茶，根據當時的身體狀況、喝的時間、季節，甚至是搭配料理一起吃或飯後飲用等不同條件，對紅茶的喜好也會改變。

因此，不要局限自己偏好哪一種紅茶，而是應該因應喝茶當時的狀況來選擇適合的茶種。

至於選擇的方向，可以分成以下三大類，分別是又濃又澀的茶，以及澀味較淡、清爽口感的茶，或者是有香氣、可以轉換氣氛的風味紅茶。

關於澀味濃厚或清爽的選擇非常簡單。紅茶不像咖啡或可可亞是以單品的方式來品嘗，反而大多是搭配食物一起享用，就像紅酒或啤酒、清酒等同樣是搭配食物飲用。因此在選擇紅茶時，可以參考挑選酒類的標準來選擇喜愛的茶種。

甜點、和菓子、三明治、漢堡、披薩、燒烤等都是非常適合與紅茶搭配的食物，選擇的重點在於，乳脂、脂肪、油脂含量高的料理適合澀味較重的紅茶，而像是和菓子、糖果或日式料理等油脂較少的食物，就必須挑選澀味較淡的紅茶來搭配。

至於如何分辨茶葉，大致可以依據紅茶的產地來判斷。紅茶依照個性由強至弱分別為印度、中國、斯里蘭卡、肯亞；以茶種來說最強烈的是大吉嶺，其次分別是阿薩姆、祁門、烏巴、肯亞CTC、印尼CTC。只要調整沖泡的分量，就能泡出口感不同強弱的紅茶了。

另外關於風味紅茶，由於很少會搭配食物一起飲用，因此只要根據當下的心情來挑選即可。例如清爽的香草風味、可以提振精神的花香風味、促進食慾的水果風味等，這些都是對轉換心情很有幫助的風味茶，非常受歡迎。

喝紅茶要加牛奶還是檸檬？

決定好要喝哪一種紅茶之後，服務生通常會接著詢問「要加牛奶還是檸檬？」以店家的立場來說，也覺得紅茶就是應該加牛奶或檸檬一起喝，因此即便點的是個性較強烈的大吉嶺或烏巴，店家還是會詢問要加什麼。這或許是因為喝純紅茶只需要加糖，對店家來說沒有附加價值，因此口頭上仍然會詢問要加牛奶還是檸檬。

就紅茶的歷史而言，發源地中國在綠茶文化影響下，無論綠茶或紅茶，基本上都是單獨飲用，不加牛奶或檸檬。

關於在紅茶裡加入牛奶的喝法，有一說法為西元一六五五年，當時荷蘭東印度公司（Vereenigde Oostindische Compagnie）的大使受邀出席中國皇帝於廣東所設下的宴席，席間他在喝紅茶時便是加了牛奶一起飲用。此外也有一說是始於一六八〇年法國的蘇維里爾夫人。但這些史實都與後來紅茶加牛奶這種喝法的普及毫無相關。

中國人喝茶本來就不加牛奶，因此當十九世紀後期紅茶從中國傳到西方國家時，仍然是以單獨飲用的喝法為主流。到了一八四〇

年，隨著印度阿薩姆紅茶的普及，當時的人便開始流行在口感強烈、又澀又黑的紅茶裡加入牛奶和砂糖成為甜紅茶，並將麵包或餅乾浸泡在其中沾著吃。

在這之前由於市面上只能買到生乳，在衛生疑慮之下，很少人會將牛奶加入紅茶裡飲用。但隨著法國路易·巴斯德（Louis Pasteur）研究出紅酒的殺菌方法之後，同樣的方法也開始運用在牛奶上，從此之後，經過低溫殺菌處理、安全無虞的牛奶於是變得普及，也成為紅茶加牛奶盛行的主要成因。

紅茶加檸檬的喝法則起源於二十世紀初，當時美國人將採收的檸檬加入冰茶中，做成檸檬冰茶飲用。二次大戰結束後，日本受到美國文化的影響也開始流行這種喝法，甚至喝熱紅茶也會加檸檬，成為有著美國風情、口感清爽的紅茶，且一直流傳至今。

英國的紅茶文化──下午茶盛行於全世界，連帶也使得紅茶加牛奶的喝法成為世界的主流。

另一方面，檸檬紅茶與美國的冰茶則以享受紅茶香氣的喝法同樣流傳於各地，雖然這種喝法在英國人眼中並非正統，卻也受到許多人歡迎，成為主流的茶飲之一。

▦ 美味檸檬紅茶的沖泡方法

事實上，在日本所沖泡出來的檸檬紅茶口感最澀、最不好喝。

其中原因就在於水質。日本的水質為軟水，原本最適合用來沖泡紅茶。以軟水沖泡出來的紅茶茶色雖然比較淡，味道和香氣卻會變得更強烈，提升了紅茶的個性。但另一方面茶澀味也跟著變重，成為口感上的缺點。

檸檬紅茶的作法是將檸檬切成圓片放入紅茶中，享受其香氣和微酸的口感。但檸檬皮會釋放出極苦的檸檬油，與紅茶的澀味成分兒茶素結合後會使得茶喝起來變得更苦、更澀。

想要減緩這股苦澀的口感，方法只有兩種，一是用能減少茶澀味的硬水來泡茶，另一個方法則是切除檸檬皮的部分，只加果肉。但如此一來，檸檬香氣也會跟著消失。這時候只要先將檸檬皮輕輕擰過後放在杯緣上，喝的時候就能聞到檸檬的香氣了。

另一個建議是，紅茶選擇澀味較淡的斯里蘭卡康提或肯亞的CTC茶種，沖泡時茶葉分量比一般再減少約兩、三成，泡成味道較淡的紅茶。

此外，如果是連同檸檬皮一起加入，放入紅茶中約五、六秒後便要立刻取出，盡量減少檸檬油釋出過多。

▒ 紅色茶色的祕密

如同前述，生葉透過揉捻之後，茶葉纖維會被破壞，與氧氣接觸後產生發酵作用。透過發酵作用，茶葉會從原本的綠色轉為茶色，

最後變成咖啡色，而所泡出來的茶色也會變為橘色、紅色或褐色等。紅茶的茶色之所以呈現紅色，是由於在發酵過程中產生了茶黃素（theaflavin）和茶紅素（thearubigin）這兩種多酚物質所導致。

　　茶黃素會使紅茶變成特有的橘紅色，茶紅素則含有褐色成分，兩者結合後便會使得整杯茶轉為清澈的深紅色。

　　順帶一提，紅茶的茶色根據茶樹品種不同多少有些差異。以大吉嶺為主的中國種茶色大多呈橘黃色或橘色系，阿薩姆種則是紅色成分偏多。

　　茶黃素和茶紅素容易與水中礦物質產生反應，特別是鈣、鎂、鐵等成分，因此以礦物質含量多、硬度較高的硬水來沖泡，茶色會比較深。相反地，礦物質較少的軟水所泡出來的紅茶，清透度較高，呈淡薄的紅色。

　　然而，有時將紅茶倒入白色的淺杯中，透過光線折射作用，杯緣會呈現一輪金黃色，稱為「金邊光環」（Golden Ring）。並非所有紅茶都能產生這種現象，只有茶黃素和茶紅素含量較多的茶種才看得見，例如大吉嶺秋摘、阿薩姆、祁門、斯里蘭卡烏巴及汀普拉等，都是屬於深紅茶色的茶種。

▒ 為什麼紅茶的茶葉罐以方形居多？

　　日本茶大多以圓筒罐來盛裝，唯獨紅茶幾乎是方形罐居多，大

部分人看到方形罐也幾乎都能猜出裡頭裝的是紅茶。

　　方形茶葉罐最早傳自英國，在過去，紅茶茶葉由中國及印度輸出時，都是以每一百磅（約四十五公斤）的茶葉為單位裝入四方形木箱中，再以船運送至海外，交易時同樣是以整個木箱來進行。

　　因此，以方形罐裝茶葉便成了一般人對紅茶的主要印象，無論何時何地任何人，看到方形茶葉罐都會知道裡頭裝的是紅茶，這也成了紅茶最有力的宣傳。

　　以木箱裝運茶葉不僅可以有效利用船上有限的空間，四十五公斤的重量正好也是人力搬運可以承受的範圍，因此長久以來便成了裝載紅茶的固定形態。

　　這種方式一直持續沿用至二十世紀中期，近年雖然已經改以內層貼有鋁箔的紙盒盛裝，但基本上重量還是以一百磅為單位。

　　目前市面上很多方形茶葉罐會以圓形蓋來密封，但長久使用下來蓋子的密合度會變鬆，對保存茶葉來說不算是個很好的包裝方式。尤其日本一到梅雨季濕度會變高，這時不妨可以將茶葉取出，放入密封容器中保存。

　　不過，一般常見的茶葉罐容量約為一百二十五或兩百五十公克，這個容量是預設茶葉會在一、兩個月內使用完畢。

　　倘若保存半年甚至一年以上，無論任何容器，茶葉品質都免不了會變壞。

虹吸壺煮紅茶的方法

虹吸壺是以耐熱玻璃做成的筒狀容器，裡頭有個金屬網篩裝置，只要將這個網篩如活塞般往下按壓，就能過濾出茶湯裡的茶葉。

虹吸壺傳自法國，原本是沖泡咖啡的器具，最早開始將它拿來沖泡紅茶的是日本人。與一般的陶瓷壺不同，用虹吸壺泡紅茶可以看見茶葉沖泡時的狀態，視覺感非常好，因此很受歡迎。

以虹吸壺泡紅茶需要特別注意的是，當茶葉完全展開、充分釋放之後，活塞網篩必須盡可以緩慢地往下按壓。如果胡亂強力按壓，或是為了提高濃度而不斷反覆上下按壓，會將茶葉纖維碾得過於細碎，使得紅茶變得混濁不清，澀味也會變重，喝起來口感不好。

使用虹吸壺同樣必須以九十五度至九十八度、富含氧氣的熱水一口氣往下沖泡，並且要確認茶葉有產生跳躍現象。當跳躍現象結束、茶葉沉至底部時，再緩慢地將網篩往下按壓、過濾出茶葉即可。

下午茶的禮儀

英國最具代表性的飲食文化便是下午茶了，下午茶雖然稱不上是正式的餐點，但由於具備以紅茶和食物招待他人的意味，因此全世界許多知名飯店也都有提供下午茶服務。

下午茶的時間一般是午後兩點至五點，飯店提供午茶的地點大

多是茶廳或休憩室，桌面相對較矮小，無法擺下種類豐富的茶點如三明治、甜點、小蛋糕等，因此會以三層點心盤的方式來擺設茶點。

茶點中的三明治幾乎都是常見的小黃瓜、鮭魚、起司等，有時也會有煙燻火腿或牛肉等種類。下午茶裡的三明治大部分會做成方便女性優雅食用的迷你尺寸，因此又稱為「迷你三明治」（finger sandwiches）。

甜點指的是司康，搭配草莓果醬或凝脂奶油（clotted cream）。吃的時候將司康橫向撥開，抹上草莓果醬或濃縮奶油一起吃。司康一般是溫熱著吃，因此有時候不會隨著其他茶點一起上桌，而是下午茶進行了一段時間後才另外再端上桌。

小蛋糕則有草莓或藍莓塔、巧克力蛋糕及果凍等，可以直接以手取用而不使用刀叉。以上這些茶點會以三層的餐盤盛裝上桌，吃的順序是先從鹹的三明治開始吃，接著是甜點，最後才是蛋糕。

女性在吃完最後的蛋糕之後，可以回到三明治再重新吃一輪，但男性則是吃完一輪後就結束，留著肚子準備接下來好好吃上一頓晚餐。這當然只是玩笑話，但無論女性要怎麼吃、吃多少，男性都必須裝作視而不見，這或許也是下午茶的禮儀之一吧。

下午茶的紅茶基本上不限品種，但最受歡迎的大多是適合搭配食物飲用、也最適合加牛奶的大吉嶺、祁門或烏巴紅茶，或者是以這些茶種混合而成的飯店特調紅茶，也同樣很受歡迎。

招待客人到家裡喝下午茶時，主持泡茶的如果是男性，泡茶之

下午茶

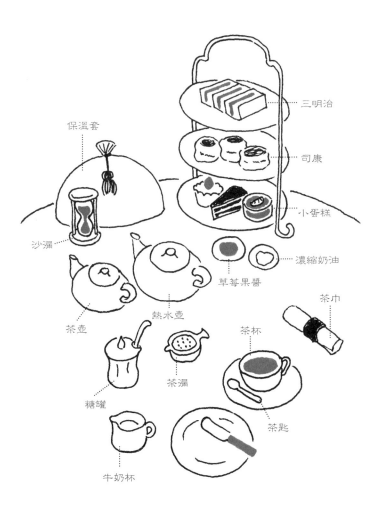

三明治

司康

小蛋糕

濃縮奶油

保溫套

沙漏

草莓果醬

茶巾

茶壺

熱水壺

茶杯

糖罐

茶漏

茶匙

牛奶杯

前一定要先詢問客人對於牛奶的分量及紅茶濃度的喜好，再依照各人喜好為大家泡茶。

　　這時候熱水壺就非常重要，客人可以用來稀釋紅茶，自行調整濃度。一般來說，茶壺裡的茶可以不斷添加，依照自己的步調搭配茶點享用。不過，當茶壺裡的茶喝完時，身為客人不能擅自提出要加茶，必須讓主持泡茶的人來判斷是否應當添茶。這是因為加茶會使得下午茶進行的時間拉長，有時對於掌控時間的主人家來說會造成困擾。

　　如果主人選擇在紅茶中加牛奶，身為客人就要避免無理要求一定要喝純紅茶。根據茶種不同，有些紅茶如果不加牛奶澀味會太重，口感不好，因此最好還是依照主人的建議來品嘗。

　　下午茶的重點並非吃東西，邊喝紅茶邊聊天才是真正的目的，不妨就將它視為享受紅茶、聊天以及與人相聚的時光吧。

▧ 伯爵茶的由來

　　說到紅茶，大家第一個想到的便是大吉嶺紅茶和伯爵紅茶，可見這兩款茶十分普及。大吉嶺與伯爵茶的最大的不同點在於，大吉嶺的味道屬於天然的茶香，伯爵茶則是添加了佛手柑精油的風味茶。

　　伯爵茶起源於英國，在十九世紀中期，當時英國的海軍大臣格雷伯爵（Earl Charles Grey）收到中國使節所贈送的中國紅茶。他對其

茶香非常喜愛，於是要求英國的茶商理查・唐寧（Richard Twining，一七四九〜一八二四年）替他找出具有相同氣味的茶葉。

　　至於格雷伯爵所中意的這股香氣究竟是什麼，據推測當時他所收到的茶葉應該是福建省武夷山的正山小種茶。這種紅茶在製茶的過程中會燃燒松木來進行煙燻，使得最後的茶葉帶有一股龍眼的香氣。而茶商唐寧對於龍眼到底是什麼根本毫無所悉，於是他在中國的紅茶茶葉中添加了產自地中海西西里島、類似檸檬的柑橘類水果佛手柑的精油。

　　後來的人便以喜愛這股香氣的格雷伯爵之名來替這款紅茶命名，稱之為「格雷伯爵紅茶」（Earl Grey）。

　　茶商唐寧並沒有為這款紅茶申請商標註冊，因此任何人隨時都能自由使用「格雷伯爵茶」這個名稱。而且當時對於伯爵茶所使用的茶種也沒有一定的規範，於是無論是印度、中國或斯里蘭卡等，任何國家的紅茶甚至是綠茶，都能用來製成格雷伯爵茶。換句話說，「格雷伯爵茶」指的並不是紅茶的種類，而是風味茶的一種。

世界最大的紅茶生產國

　　紅茶產量全世界最多的國家為印度，年產量約九十八萬噸。其次是肯亞的三十一萬噸，第三名則是斯里蘭卡的二十九萬噸。但是如果以出口量來看，世界第一的國家是肯亞，其次是斯里蘭卡，印

紅茶產量（2011年）

順位	生產國	千噸
1	印度	980
2	肯亞	314
3	斯里蘭卡	290
4	印尼	88
5	中國	70

紅茶出口量（2011年）

順位	出口國	千噸
1	肯亞	302
2	斯里蘭卡	298
3	印度	192
4	印尼	66
5	中國	35

每人平均年消費量（2011年）

順位	消費國	公斤（年度）
1	愛爾蘭	2.18
2	英國	1.92
3	土耳其	1.90
4	紐西蘭	0.99
5	獨立國協	0.94
6	印度	0.69

度則排名第三。

　　就生產量而言，印度占了壓倒性的勝利，年產量幾乎近百萬噸，非常驚人。但擁有十二億人口的印度，人人都熱愛香料茶，每年光是國內紅茶消費量就將近八十萬噸，因此能夠外銷的數量僅剩十九萬噸，只占全世界排名第三。

　　生產量排名第二的肯亞，本國人幾乎完全不喝紅茶，所生產的茶葉全部作為出口之用，近年來出口量已經超越斯里蘭卡，成為世界第一。

　　斯里蘭卡的生產量與出口量幾乎相同，雖然每人平均年消費量有一‧三六公斤之多，但由於人口數少，國內整體消費量不高，因此出口量緊追肯亞，位居世界一、二名之位。

　　針對紅茶的消費形態非常有趣的一點是，關於每人平均年消費量位居世界第一的國家，任誰都會覺得應該是號稱紅茶之國的英國，但事實上，愛爾蘭卻以極小的差距領先英國占據世界第一，其次才是英國。

Chapter

紅茶的基本認識

用茶杯盤喝紅茶的真相

評茶師在鑑定紅茶的味道和香氣時，會以湯匙舀茶並「嘶嘶」地大聲啜飲。一般來說，喝湯不發出聲響是基本用餐禮儀，評茶師的這種喝法或許會讓人覺得不雅，但事實上這種喝法有其必要的原因。

當發出聲音喝東西時，氧氣會隨著聲音吸入舌上，使得舌頭的甜味及鮮味味覺變得更敏銳，更能感受到香氣。

日本人喝澀茶時同樣也會以茶碗就口、發出聲音飲用，這也是因為伴隨著吸入的氧氣一起喝更能品嘗到茶的甘甜。類似這種善用氣泡的作法還有沖泡抹茶時以茶筅刷茶，或是打發鮮奶油及濃縮咖啡的奶泡等。

這種看似奇怪的喝法就這麼原原本本地傳到英國，但最早由中國及日本傳入的茶碗並沒有把手，一旦倒入熱紅茶就會變得燙手、不好拿取。再加上滾燙的紅茶無法立即飲用，因此當時的英國人便將茶碗裡的紅茶倒至杯盤上，以盤子直接發出聲音飲用。

在十八世紀初期，紅茶屬於昂貴品，只有王親貴族或富裕人家才喝得起。當時的貴婦將這種奇特的喝法視為正統，並成為一股流行，進而逐漸在英國傳開來。即使後來茶杯終於有了把手，再也不會因為燙手而將茶打翻在杯盤上，但以杯盤喝茶的習慣仍未消失，一些地方或鄉下人民依舊將這種喝法視為紳士淑女的禮儀而相繼仿效。

我一直覺得這種喝法應該不太可能是真的，但大約十年前，我在緬甸見到了這真實的一幕。當時我在仰光街頭品嘗加了大量煉乳、緬甸話稱為「lah phet yay」的紅茶，一位年約五十幾歲、一身華麗洋裝的女子走了進來，點了一杯奶茶。接著，她將服務生送上來的奶茶倒在杯盤上喝了起來。看到這一幕，我不禁和身旁的緬甸女導遊四目相接，但她只是默默地說這並不稀奇，她也曾見過自己的母親用這種方式喝茶。

緬甸過去曾是英國的殖民地，撣邦北部為紅茶的主要產地。如今緬甸雖然已不再出口紅茶，但當初英國人所遺留下來的喝奶茶的習慣卻成了緬甸人的喜好，至今仍保留著這項飲食文化。對於我的大驚小怪，喝茶的女子給了我淡淡的一抹微笑，接著轉頭繼續裝模作樣地以同樣方式享受著手中的那杯茶。

喝茶發出聲音，一方面也是為了讓身旁的人知道自己喝的是昂貴的紅茶，有炫耀的意思。除此之外，藉由啜吸的方式能減少紅茶的茶澀味，能感受到更強烈如砂糖般甘甜。

話說回來，我父親在喝劣酒時，也都是以啜吸的方式來品嘗。

▦ 英國與日本使用牛奶的差異

我從小就討厭喝牛奶，這應該是因為小時候我母親因為母乳分泌不足而讓我喝奶粉所造成。後來稍稍長大之後，她會將買來的瓶

一般平民也熱愛喝紅茶。為了讓自己看起來更優雅，女性們會將紅茶倒在杯盤中飲用，將此視為是一種高貴的喝法。

裝牛奶重新加熱後再給我喝，但重新加熱過的牛奶有股奇怪的乳臭味，而且喝起來口感比一般牛奶要來得濃稠，其實我很討厭喝這樣的牛奶，這也成了我即使到現在仍然不愛喝牛奶的原因之一。

這已經是五十多年前的事了，當時市面上以低溫殺菌的牛奶為大宗，無論是一般通路或宅配鮮乳，全都是這種牛奶。不過，經過攝氏六十三度至六十五度加熱三十分鐘低溫殺菌過的牛奶，其實仍殘留著許多雜菌，這也造成牛奶非常容易腐壞而引起腹瀉，因此許多人在喝之前會再重新加熱。

牛奶是大眾飲品，包括小孩、年長者甚至是病人都會喝牛奶，於是安全、安心成了首要條件。當時日本的鮮乳公司因此改以能夠完全殺菌、生產出純淨牛乳的製造方法，也就是增加壓力並以攝氏一百二十至一百五十度加熱二至五秒的超高溫殺菌法（UHT法，Ultra High Temperature）。

超高溫殺菌法能夠完全殺死鮮奶中的雜菌，使牛奶絕對安全無虞，而且能夠延長保存期限。除此之外，為了防止以往瓶裝牛奶表面會浮現一層乳脂、乳油分離的現象發生，製造過程中會進一步加工，將鮮奶中的脂肪球破壞攪碎，使脂肪和水分混合均勻。或許大家也曾聽過，這就是所謂的「均質化牛奶」（homogenized milk），這種牛奶可以直接喝，不需要像過去的牛奶一樣必須先搖晃均勻後才能飲用。

超高溫殺菌牛奶雖然堪稱完美，但仍有許多必須改善的缺點。

首先，牛奶經過高溫殺菌雖然對安全有益，但連帶地也殺死了牛奶中真正應該保留的比菲德氏菌及乳酸菌。此外，高溫也會使得蛋白質焦化，形成硫化氫而產生臭味。盒裝牛奶開封時的臭味就像水煮蛋的味道一樣，都是硫化氫所造成的。

對味道上也有影響。經過高溫殺菌後再冷卻，蛋白質會凝固，使得牛奶變得較濃稠，顏色也會如像水煮蛋的蛋白一樣呈白色，而不像生乳是帶透明的青白色。或許有人會覺得牛奶的顏色不是重點，但對於沖泡紅茶來說，牛奶顏色絕對是一大關鍵。

超高溫殺菌牛奶所沖泡出來的奶茶呈現淺米色，而使用低溫殺菌牛奶則能保留紅茶的紅色，呈現奶棕色。這是因為低溫殺菌牛奶裡的蛋白質為半透明，道理就如同透過河豚生魚片可以看到盤子上的圖樣。相對地，超高溫殺菌牛奶等於是將河豚肉煮沸後冷卻，又再一次回溫，換言之，魚肉經過高溫後已經凝固，口感變得扎實了。

以蛋和河豚生魚片來比喻這兩種殺菌方式的差異，或許反而不容易理解，但大家不妨將低溫殺菌牛奶想像成是溫泉蛋，而超高溫殺菌牛奶則是完全熟透、放涼後的水煮蛋，如此一來應該就很好理解了。

英國人喝紅茶非常堅持一定要用低溫殺菌牛奶，因為這種牛奶很適合搭配口感滑順的高脂食物。而且低溫殺菌牛奶加入熱紅茶中會散發出一股甜蜜的奶香味，完全不會影響到紅茶本身花草果香般的香氣。

賣牛奶的女子（十八世紀）。將現擠牛奶拿到早市邊走邊叫賣。

這或許是因為英國原本便是畜牧民族，對於乳牛及乳製品十分瞭解，也更有強烈的堅持。

英國人喝紅茶，唯一不加牛奶的茶種

有一款紅茶名為「Lapsang Souchong」，生產自中國福建省武夷山，中文名稱為「正山小種茶」。英國人習慣喝紅茶加牛奶，幾乎所有紅茶都一定會加牛奶飲用，唯一一款會直接單獨飲用的，便是正山小種茶。這或許可以歸因為英國人特有的復古精神，以及裝模作樣的個性。

中國最早的紅茶出現在一六三〇年的福建省武夷山，而英國人則一直等到半個世紀後、約一六五七年，才透過葡萄牙與荷蘭認識到中國茶的存在，就連最早傳入英國的茶葉也是經由荷蘭。當時武夷山已經成功栽種出正山小種紅茶，但產量最多的仍然是綠茶。相傳綠茶的歷史有三、五千年，其悠久從英國短暫的歷史角度來看根本完全無法想像，而這深遠的歷史也因此成了英國人推崇紅茶的主要原因。

對英國人而言，從未見識過的中國猶如彌漫著岩山雲海的想像世界，在那裡所種出來的茶葉連文人甚至神仙也視為珍寶，對此他們十分尊敬。

正山小種紅茶由於在製茶過程中多了松木煙燻的處理，因此茶

葉帶有淡淡的燻香味，這股屬於東方的香氣是其他綠茶或烏龍茶所沒有的特色。當初，東印度公司以船運方式將茶葉從中國福建的港口運至倫敦泰晤士河，需要約四到五個月的時間。茶葉在船艙裡堆放了這麼長的時間，品質早已變壞，抵達倫敦時已不再新鮮，香氣也變得淡薄許多。因此茶商便向東印度公司提出要求茶葉一定要挑選香氣最強烈的，而這項要求也傳到了位於武夷山的茶農耳中。

茶葉本身的香氣有限，要使香氣變得強烈，唯一能想到的方法只有加以煙燻。於是，專為歐洲人生產、中國人自己不喝的紅茶——正山小種便因而產生。

正山小種又稱拉普山小種。正山小種的獨特香氣與大家所熟悉的正露丸完全相同，這個令日本人退避三舍的氣味，英國人卻將它視為神祕東方的香氣。再加上這種茶產自歷史深遠的中國高山，更使得英國人打從心底尊敬推崇，即使未必美味，仍裝模作樣地逞強飲用。

中國人喝茶不會加牛奶，因此英國人對於正山小種如此深具歷史意義的紅茶，也堅持一定要單獨飲用，不能加牛奶。這股頑固的堅持，至今仍是品味正山小種茶的規矩之一。

順帶一提，一般認為最適合搭配正山小種的食物，是煙燻鮭魚三明治和原味切達起司。在飯店喝茶時選擇這樣的茶點搭配，都會被視為是最瞭解紅茶的專業老饕。

▓ 司康的傳說

在盛裝下午茶茶點的三層點心盤上，幾乎一定可以看到司康的身影。

不是餅乾、也稱不上是麵包的司康，外形如孩童拳頭般大小，凹凸不平的表面看起來就像小石塊。這種不起眼的東西為什麼會成為英國下午茶的代表性茶點、對英國人來說別具意涵？其實背後有個相當深遠的歷史意義。

司康（scone）的名稱來自於「命運之石」（Stone of Destiny），也就是傳說中雅克在夢中看見上帝啟示時頭下所枕的那塊石頭。這塊石頭據說後來被與凱爾特王子私奔的埃及絲格特公主帶至愛爾蘭，之後又被其後代帶到當時蘇格蘭西部的達爾里亞達王國（Dalriada）的首都達納特（Dannatt）。

後來，來自愛爾蘭的凱爾特人與居住在蘇格蘭當地、全身塗成藍色的皮特克人對戰了數百年之久。西元八四六年，達爾里亞達國王肯尼思一世（Cináed mac Ailpín）致力於和平，於伯斯（Perth and Kinross）建立了斯昆城（Scone Palace），並將「命運之石」移至斯昆城內，在石頭上舉行加冕儀式，建立了阿爾巴王國（Alba）。

從此之後，所有蘇格蘭國王在這塊石頭上進行加冕，便成了一種既定的儀式。

到了西元一二九六年，英格蘭國王愛德華一世（Edward I，一二

三九～一三〇七年）攻戰入侵蘇格蘭，將這塊「命運之石」帶回倫敦的西敏寺作為戰利品，甚至後來的英國國王還將石頭鑲在椅座上，坐在上頭進行加冕，此舉讓彷彿被坐在屁股下的蘇格蘭人極為憤怒。

忍受長久的屈辱，一九五〇年，四個蘇格蘭學生潛入西敏寺將「命運之石」偷走，被捕後當被警方問到是否知道石頭被盜一事，他們這麼回答。

「知道，被愛德華一世偷走了。」

直到一九九六年，英國才將「命運之石」歸還蘇格蘭，如今收藏於愛丁堡城堡中展示。

二〇一二年我造訪愛丁堡城堡時也見到了「命運之石」，當年正值英國女王伊莉莎白二世登基六十年慶典，觀光客非常多，因為當年一九五三年女王登基時，正是坐在「命運之石」上接受加冕。

「命運之石」如今表面已見裂痕，石塊四處缺角不甚完整，兩邊還綁上繩索並鑲上鐵環方便搬運，可以看出它經過了一段相當悠久的歷史。

司康究竟起源於何時至今仍是個謎，但一份十六世紀的英文文獻已清楚記載這是一種以燕麥做成的麵包。

而「司康」名稱的由來，毫無疑問地便是「命運之石」，拼音就和當年石頭的所在地斯昆城（Scone Palace）一樣，外形同樣以石頭的形狀為發想，成為蘇格蘭的傳說，成為後人每回品味紅茶時回憶訴說的話題。

圓形茶壺的神話

我在許多演講或講座上經常會被問到一個問題：「用銀製的茶壺來泡紅茶會比較好喝嗎？」

無論是在英國的二手市集，或是電影裡喝茶的橋段中，都可以看見銀製茶壺的身影，甚至據說法國皇帝拿破崙連上戰場時都帶著銀製茶壺。對熱愛紅茶的人來說，銀製茶壺是一大憧憬，大家都想要實際體驗它的魅力，或者可以說夢想要將銀製茶壺作為收藏。

英國在十七世紀中期、中國及日本的陶瓷茶壺尚未傳入之前，一直都是使用銀製茶壺，主要用來煮沸巧克力或可可亞。

銀製茶壺的外形呈橢圓形，愈往上方壺身愈窄，它有著水壺般的狹長形壺嘴。在過去，材質全為銀製，但是後來由於英國政府的財政問題，銀開始混入銅或鋁的成分，也就是所謂的「紋銀」（sterling silver）。

到了十八世紀，紅茶盛行於英國，原本橢圓形的銀製水壺也漸漸地模仿起中國及日本的茶壺，而變成了圓形。後來隨著人們對紅茶愈來愈著迷，有錢的人們開始將中國及日本的茶器當成金銀珠寶般珍視與收藏。

另一方面，當時英國的銀製品仍保留傳統工藝技術，並沒有因為中國及日本茶器的傳入而被淘汰。但一股崇尚東方的風氣卻在熱潮帶動之下，漸漸以銀製茶壺為開端急速盛行漫延開來。

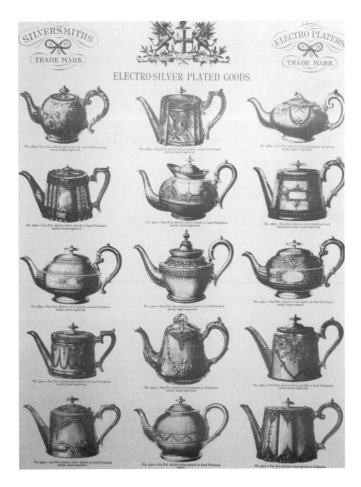

十八世紀當時以銀製茶壺為主流，
外形從原本的橢圓形逐漸變為帶有東方風情的圓形。

十八世紀中期，英國誕生了不少知名瓷器，包括瑋緻活（Wedgwood）、明頓（MINTON）、安茲麗（Aynsley）等。這些瓷器品牌受到中國安徽瓷器的影響，也開始紛紛生產許多具有英國獨特風味的精美瓷器。

就連茶壺也一樣，無論是外形、顏色或圖樣都看得出這股東方熱的影響，完全以日本急須壺或中國茶瓶的圓形壺身為主要造型，展現最道地的東方風情。

圓形茶壺至今仍被視為是沖泡紅茶最理想的壺身造型，因為它能使得茶葉更輕易產生跳躍現象且完全舒展，釋放出紅茶的美味。

過去日本NHK節目曾做過實驗，分別在圓筒形、方形、燒杯般的圓錐形，以及圓形茶壺中注入熱水，觀察水的熱對流反應。結果顯示，所有器具裡的熱水都會產生熱對流，但其中對流狀況最順暢活躍的，便是圓形茶壺。

當然，只要是茶壺，不管任何形狀都能用來泡茶。但茶葉在不透明的茶壺裡必須藉著上下跳躍才能產生完美的味道及香氣，考量到這一點，最好要盡量選擇較有利於跳躍現象的茶壺。

而圓形壺身還是最佳的選擇。

摔不破的銀製茶壺雖然讓人用起來更放心，茶壺本身又有著歷史意義，彷彿能讓紅茶變得更好喝。然而，即使是拿破崙，當年倘若不是因為要上戰場才選擇摔不破的銀製茶壺，或許他也會想改帶中國的瓷壺吧，不是嗎？

▨ 濃得可以讓湯匙立起來的紅茶

有一種紅茶由於從茶壺裡倒出來時顏色黝黑宛如咖啡或巧克力，因此被稱為「濃得可以讓湯匙立起來的紅茶」。

從十七世紀中期到十九世紀中期，在英國提到紅茶，指的都是中國福建的正山小種茶。由於生產自武夷山，因此直接以武夷之名作為表示，稱為「武夷茶」（Bohea）。武夷茶雖然是發酵茶，但由於屬於中國種，也就是綠茶品種，因此即使經過發酵，茶色也不會呈黑色，而是淡淡的橘紅色。

到了十九世紀中期，英國生產的阿薩姆逐漸成為主流，其茶色因為使用了倫敦富含礦物質的硬水沖泡，整體呈現帶黑的深紅色。

不過這種轉變來得正是時候。當時正值工業革命，勞工每天都得工作十至十五個小時。這時候，男性唯一的樂趣便是喝琴酒這種便宜的烈酒，而造成的後果便是愈來愈多人酒精中毒，大家工作賺的錢全拿去酒吧喝酒，生活因此變得窮苦。於是後來，政府開始推行禁酒運動「teetotal」，提倡戒酒並改喝紅茶以改善生活。「teetotal」中的「tee」為「絕對禁止」的意思，正好與紅茶的「tea」同音，因此取其諧音作為口號之用。

阿薩姆的出現擄獲了大眾的喜好，人人都想喝愈濃愈好的紅茶。在過去，王室貴族大量沖泡飲用中國茶，待客時同樣會以中國茶來炫耀招待，以彰顯自己的富裕。而一般貧苦人家對茶葉只能斤斤計

較，所泡出來的茶相對茶色和味道都比較淡薄，顯得**窮酸丟臉**。於是，一股偏好濃茶的潮流便因而產生。

一七八四年，在倫敦茶商唐寧的第四代傳人理查·唐寧所呈報的走私品和假貨當中，發現了紅茶裡混入了令人毛骨悚然的東西。

當時的茶商為了讓紅茶味道更強烈濃郁，會在茶葉裡混入梣樹這種木樨科落葉樹的樹葉，或者是將泡過的茶葉收集起來，浸在混有羊糞的木桶中後曬乾，再混入一般茶葉中，甚至也會將泡過的茶葉以腳踩踏後燒乾再混入。

喝濃茶是英國人生活的一部分，然而對一般人來說，這種平凡普通的生活正是奢侈的最佳寫照。

之後隨著阿薩姆種紅茶的普及，少許茶葉就能沖泡出顏色深濃的茶，成了生活中最便宜、任何人都負擔得起的唯一樂趣。人人都能泡上一杯濃茶，加入砂糖和牛奶增加甜度，並將司康或餅乾浸泡著吃。

早上起來先喝一杯，早餐時再喝一杯，工作到了十一點還有上午茶時間（elevenses）。午餐也少不了要來上一杯，下午三點的休息時間、五點的下午茶（five-o'clock tea），接著還有晚餐及睡前的睡前茶（nightcap tea）。為了這一天要喝上七、八次的紅茶，還特地各別給了名稱，當成日常生活的一部分。對英國人來說，簡直就將紅茶當成開水在喝，而紅茶也成了他們生活上的支柱之一。

濃到可以讓湯匙立起來的紅茶可說是英國平民虛榮的表現，而

另一方面，能夠每天喝濃茶同時也象徵著家族的富裕幸福。

▓ 最理想的茶杯

每個人對於茶杯的要求不同，或許有人認為不管使用什麼茶杯，紅茶的味道喝起來都一樣，但事實上，茶杯確實會影響紅茶的味道。

嘴唇接觸到茶杯時的觸感會造成對清爽或濃郁的感受不同，也會影響到入喉時的口感是好是壞。除此之外，隨著茶杯的口徑及深淺不同，氣味的飄散方式和茶色也會有所改變。

一般認為所謂理想的茶杯必須符合以下幾項條件：

① 杯子內側為白色，可清楚觀察到茶色。淺口杯藉由光在杯底的反射作用，茶色看起來較為清透。

② 杯子口徑寬大，使光更能照入且便於感受茶的香氣。

③ 杯子把手約為女性兩指寬，方便拿取。

④ 材質以骨瓷為佳，可使紅茶保溫不易冷卻，與嘴唇的觸感光滑。

雖說茶杯會影響紅茶的味道，但如果對杯子太過於堅持要求，反而會喪失喝紅茶原本輕鬆休憩的意義。事實上，到目前為止，我利用紅茶做過許多各式各樣不同風味的變化，以我的經驗來看，紅茶是一種自由享受的東西，因此無論是用瓷杯或陶杯來喝茶，甚至是玻璃杯也無妨，就連杯子外形也毌需拘泥，任何形狀都可以。

深杯盤的設計來自於過去將紅茶倒入杯盤中飲用的習慣，
一般而言容量會與杯子相同。

如今，紅茶的風味、喝法及飲用的場合，都已隨著生活形態的改變呈現不同於過去的樣貌。再加上紅茶盛行於世界各地，連帶使得所用的茶杯愈來愈多元，已經不再是非傳統茶杯不可了。

即使英國品味紅茶的形式最為知名，讓人容易堅持於傳統造型的茶杯，但自由放鬆地喝茶才是今後品味紅茶的主流。

至今我用過許多茶杯，當中有一只杯子藏著一段令我難以忘懷的回憶。那是幾十年前我還在鎌倉的紅茶專賣店擔任店長時發生的事，當時我認識了一個名叫賽納貝雷的斯里蘭卡人，他是斯里蘭卡政府派遣至東京大使館的員工。就在他來到東京約兩年左右，某次我邀請他一家人到鎌倉的湘南海岸遊玩。

斯里蘭卡的地理位置環繞於印度洋與孟加拉灣之間，因此賽納貝雷的女兒一直很喜歡大海，不停地在湘南海灘上來回奔跑。

或許是大海勾起了印度洋的回憶，也可能是想起了遠方祖國的種種，賽納貝雷一直望著大海。就在要回家的時候，他輕聲地跟我說。

「磯淵先生，我回國的日子就快到了，不過我和我的家人並不會回到斯里蘭卡，我決定帶著他們逃亡至澳洲。」

「逃亡」對日本人而言相當罕見，看得出來他經過了許久的慎重考量，下了非常大的決心。或許方才正是望著大海考慮到底該不該跟我坦白這件事。

當時我預計幾個星期後要前往斯里蘭卡，於是他委託我將一封信和日本伴手禮轉交給他住在首都可倫坡（Colombo）的妹妹。

後來到了可倫坡，我來到賽納貝雷妹妹的家，她端出紅茶請我喝，我還記得那是一只有著花鳥圖騰的茶杯，杯緣已經缺角，杯身也看得見裂痕。但其他人的杯子卻都完好無缺，為什麼唯獨身為客人的我所用的茶杯是如此破舊？

「這只茶杯是我死去的母親以前去英國時買回來的，是個充滿回憶的杯子。今後我再也見不到我哥哥了，所以我想讓磯淵先生代替他喝下這杯茶。」他妹妹說道。

原來，她將這只擁有珍貴回憶的杯子讓給了我使用。喝著手中的茶，我不禁感到一股揪心之痛。

後來，我再也沒有賽納貝雷的消息，但每當用到與那只杯子相似的茶杯時，我總會想起他和他妹妹的那段往事。

▨ 紅茶與賭博

從賽狗到跳蚤跳躍的距離，只要是英國人必定熱愛的活動、從以前流行至今的就是賭博了。

想當然，紅茶也成了英國人賭博的對象之一。十九世紀中期，當時的英國人聚賭的對象是從廈門或上海、福建出發的船隻需花費幾日航程才會抵達泰晤士河港口。而通常最快抵達的船隻所載運的茶葉最受歡迎，市場交易價值非常昂貴。

飄浮在蔚藍大海的三桅帆船猶如裝扮成華麗貴婦的人氣演員，

泰晤士河沿岸餐廳等待船隻入港的人們。大家都對哪一艘船最快抵達下了賭注。

裝載著紅茶的運茶船進行著一場以倫敦為終點的海上競賽。

牽動著所有人的注目。船艙裡放的卻是緊緊堆疊的、裝有百噸紅茶茶葉的木箱，展開分秒之間的激烈競賽。

一八四九年，英國廢止了實施了兩百多年的《航海法》（Navigation Acts），從此無論美國或中國的船隻都能直接運送紅茶到英國，使得東印度公司原本那些外型矮胖、船速緩慢的達摩船在這場新的航海競爭中吃了敗仗，英國茶商也因此無法獲得第一手的新茶。最快將茶葉運到泰晤士河、贏得勝利的是美國的船隻，倫敦人只能因為挫敗的恥辱氣得直跳腳。

當時運送紅茶的快速帆船稱為「運茶船」（Tea Clipper），英國也於一八五九年開始投入運茶船的建造，十年之間，建造完成下水航行的船隻不下二十六艘。

每年一到春天，產自中國的新茶裝箱上船，一場運茶船競賽於是開啟。比的是誰最快從中國將茶運至倫敦泰晤士河港口，第一名的船隻不只所運載的紅茶可以賣得高價，船商本身甚至還有獎金可拿，船上每噸紅茶能換得六便士的獎賞。

當時航運報紙會隨時刊載最新的競賽狀況，連一般市民也為之瘋狂。泰晤士河沿岸港口旁的餐廳及咖啡廳天天客滿，擠滿了拿著望遠鏡等待船隻入港的人們。

最刺激的一場船賽發生於一八六六年，參與競賽的有一八六四年剛啟用的愛芮兒號（Ariel），以及前一年啟用的太平號（Taeping）和賽芮卡號（Serica），其他還有另外十一艘船隻。

比賽中取得領先的是這三艘船，經過了九十一天的航行，當船隻通過亞速爾群島（Azores）、進入英吉利海峽時，愛芮兒號和太平號兩艘船並列而行。到了第九十九天，愛芮兒號以十分鐘左右的速度領先太平號抵達了泰晤士河，卻在進港時因為船身太大、吃水太深而花費了太多時間，太平號於是趁機轉敗為勝，成功抵達港口贏得最終勝利。

這場船賽由於結果差距極小，兩者勢均力敵，不分上下，讓大家看了一場非常精采的比賽，因此最後雙方都獲得了讚賞，獎金也由兩邊的船長共同平分。

歷史上最知名的運茶船為卡蒂薩克號（Cutty Sark），船名後來也成為蘇格蘭威士忌的其中一款酒名。卡蒂薩克號於一八六九年十一月二十二日正式下水啟用，但遺憾的是，在此一週之前蘇伊士運河才剛啟用，並不允許帆船通行。且當時蒸汽船逐漸成為海上的主流，運茶船的時代因此也跟著落幕了。

卡蒂薩克號後來參與了好幾次的船賽，但已不再作為運茶之用，而是改運羊毛或作為軍艦，最後主要用來運送酒桶，成了今日大家所熟悉的「順風威士忌」（Cutty Sark blended scotch whisky）。

▓ 絲綢做成的茶包

茶包被認為是美國人的發明。在《紅茶文化史》（春山行夫著）

中記載，一九〇八年（書中記載是一九〇四年，但正確年份應為一九〇八年）某日，在紐約經營茶葉批發的湯瑪斯・蘇利文（Thomas Sullivan）將茶葉裝在絲綢所做成的小袋子中，送給經營餐廳的客人試用。客人意外發現，將這個茶袋放入裝有熱水的茶壺裡就能沖泡出紅茶，非常方便。

之後，每當湯瑪斯將茶葉裝入絲袋中送給客人試用時，客人都以為要將茶袋直接丟進熱水裡沖泡，於是沖泡茶包的方法就這麼流傳了開來。

到了一九二〇年代，茶包成為美國的代表性紅茶普及於大眾之間。一開始用的材質是絲，後來由於絲過於昂貴而改用棉紗布，最後則變成了紙料材質。

用茶包泡茶和茶壺不同，不需要處理剩下的茶葉渣，只要將一人份的茶包放進茶壺或馬克杯裡，就能輕鬆泡好一杯茶，既快速又不會浪費過多的茶葉，正好適合美國講究合理主義的生活形態。

重視禮儀和形式的英國人雖然對之嗤之以鼻，但到了一九六〇年代，英國人也開始漸漸使用起茶包，如今已然占了英國紅茶消費量的百分之八十。

十多年前我造訪紐約時，發現了一間小規模的紅茶專賣店，店裡仍然生產製作著八十年前流傳至今、用布做成的茶袋（tea pouch，又稱為 tea ball）。日本某家飯店如今仍使用著這種茶袋，我也是因此才知道這種珍貴古老茶袋的存在。

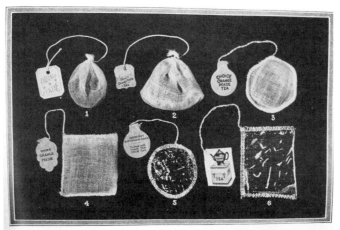

VARIOUS TYPES OF INDIVIDUAL TEA BAGS USED IN THE UNITED STATES
Four of these exhibits are made of gauze; two of Cellophane. 1. Pouch type. 2. Tea bag type.

二十世紀初的茶包。最早用的是絲袋，後來都改用棉紗布了。

製作這種茶袋的機械非常小，約只有縫紉機大小。將三公克左右的茶葉以布料包成圓形後打結，最後再縫上吊繩。由於包得很緊實，放入熱水中需要一段時間才能沖泡完成。但這畢竟是有歷史意涵的最古老茶包，比起紅茶的味道，氣氛才是最大的享受。

如同前述，最早的茶包是絲綢材質，由此或許就能看出美國人在看待紅茶時仍然是心存敬意。現今的茶包當然都已改用紙料或不織布及尼龍網布了。

這一百年來，茶包的材質雖然有了些許改變，但沖泡的方式仍然和過去一樣絲毫不變。或許有人認為比起咖啡的演進，紅茶可說是停滯不前。然而事實上並非如此，以茶三千年的歷史來看，光憑僅僅一百年的茶袋就要判斷其價值，實在是非常愚昧的想法。

▓ 紅茶占卜的可信度

大家應該都看過電影《哈利波特：阿茲卡班的逃犯》（*Harry Potter and the Prisoner of Azkaban*）吧，其中一幕霍格華茲學院上課的內容中就曾出現過紅茶占卜。從哈利波特的杯底所殘留的茶葉渣中，看到了從阿茲卡班監獄脫逃的宿敵天狼星布萊克。

這便是英國自古流傳下來的紅茶占卜，將茶杯裡殘留的茶葉渣比擬為各種東西，以此來預言未來。傳統紅茶占卜進行的方式是，先享受完混有茶葉的紅茶後，最後剩餘約半茶匙左右的茶湯，以左

手拿杯子反時針搖晃三圈，接著將杯子倒扣在杯盤上，輕敲底部三下，如此就算完成了。

接下來最重要的是針對杯子裡所殘留的茶葉渣進行神祕解讀的人，通常是自己的母親或阿姨等。從層疊交錯的茶葉渣中可以看出各種形狀，動物、魚、鳥、樹木、花朵、星星、月亮、船、錨、廚房用具、農具及工具，甚至是幾何圖形等，種類多達數百種。

占卜時還會故意吊足了孩子的胃口。

「怎麼樣！看到什麼了嗎？」

「嗯，我看看喔……有花，還有鳥，不用擔心，是幸運的象徵呦！」

聽到這裡，孩子馬上開心了起來。但有時則是：「嗯，這次就先放棄吧，時機點不太好呢。」

這種時候，老一輩的人就會分享自己的經驗並給予忠告。

在給予建議時，若沒有一定的學識或相互之間的信賴感，對方通常很難接受。不過，利用占卜的方式來傳達親人或家族之間的感情，相對來說會比較容易。無論是鼓勵、安慰、告誡、給予勇氣，或是傳遞愛使人從孤獨中解脫，占卜都是很有效的方法。

日本也有類似的作法，沖泡粗茶時如果發現茶湯裡立著茶梗，就表示「有好事要發生」。

以茶葉來說，沒有茶梗或茶莖等純淨的茶葉，才稱得上是高級茶。而上述的這種說法則是平等看待平時大家所喝的廉價茶葉，並

根據茶杯中殘留的茶葉渣形狀來占卜。

用來作為幸運的象徵。這或許便是對茶的一種尊敬，更是正面積極面對生活的小祕訣。

　　人只要受到鼓勵就會有精神，溫柔待人就能獲得溫和的回報。而隨著泡茶的方法與品嘗方法不同，紅茶也具備轉換各種心情的力量。

　　稍微離題，關於占卜另外還有個例子。在紅茶的故鄉斯里蘭卡存在著一種驚人的占卜法，所利用的主角正是亞洲常見的壁虎。方法是根據天花板或牆壁上的壁虎失足跌落到人的身上時，依據壁虎掉落在人身體的部位來進行占卜。

　　過去我曾在斯里蘭卡的飯店用餐時，壁虎掉落在我的頭上、肩上及手背上，突如其來的冰涼觸感讓我不禁當場尖叫。當時一起用餐的當地朋友只是覺得有趣，卻完全不為所動，反而還一臉開心地對我說：「斯里蘭卡壁虎很多，掉下來是常有的事，不用擔心，會有好事發生喔。」在斯里蘭卡有所謂的「壁虎占卜」。

　　根據壁虎掉落的部位，如果在胸部代表金錢運，臉頰代表會變美，額頭表示會成為高貴之人，眉毛表示將有新發現，鼻子指的是將獲得寶石，肚子代表十分受人尊敬，下腹部則表示近期將有偏財運。如果掉在右臀部代表前途發達，左臀部則表示退步，腰部意味著將獲得禮物，右肩則是指健康運。

　　當時壁虎是掉在我的左肩上，代表有異性緣。

　　「真的嗎？」

　　難得掉下來的壁虎，偶爾也會失足跌落嚇到人類。但即便如此，

也不能任意殺害或傷害壁虎。再加上難得一起用餐或喝茶，更不能讓一隻壁虎壞了原本快樂的氣氛，因此才會以占卜的方法來圓場，化解不愉快的氣氛。

無論英國的紅茶占卜也好，或是日本的茶梗及斯里蘭卡的壁虎占卜也好，雖然國情不同，但體貼的心意應該是相通的吧。

▓ 被視為「祕藥」的紅茶養生術

一六六二年，葡萄牙公主凱薩琳（Catherine of Braganza）嫁給英國國王查理二世（Charles II）時，將茶當成藥物一起帶到了英國。正好在同一個時代，塞繆爾・皮普斯（Samuel Pepys）以赤裸描寫自己生活的日記而聞名於世，他是當時英國財政部的一名基層員工，在他一六六七年六月二十八日的日記中寫道：「回到家時妻子正好在泡茶。根據藥劑師培里醫師的說法，這種茶水可以用來治療她的感冒及流鼻水症狀。」

早在凱薩琳王妃將茶葉帶入英國的前幾年、西元一六五七年，在倫敦交易巷（Exchange Alley）經營蓋威爾咖啡館（Garraway）的托馬斯・蓋爾威（Thomas Garraway）就已經開始販售中國茶了。

蓋爾威賣茶的方式和一般不太一樣，他不主張茶的味道或香氣，而是以茶的功效作為最大的宣傳。他所主張的茶的功效包括了二十幾種，甚至還做成了海報，海報上的內容如下：

一六五七年倫敦最早販賣紅茶的蓋威爾咖啡館。

> 茶葉雖然屬於奢侈品，但歷史證明，喝茶能維持身體健康，延年益壽。其功效包括治療頭痛、失眠、膽結石、疲倦、腸胃不適、壞血病、失憶、腹瀉、作惡夢及預防腹痛，與牛奶一同飲用還能預防肺病，具有治百病之效。

茶被視為是東方祕藥，而這股茶葉不可思議的力量在經過中國三千年的歷史之後，也漸漸流傳到了英國。

過去曾讓我覺得自己被茶的功效所拯救的經驗，是在我某次造訪斯里蘭卡時所發生的事。當時我才二十出頭，中午，我在飯店的泳池畔喝了啤酒，睡了一會兒午覺之後，又和朋友到咖哩餐廳去吃晚餐。就在點了餐點之後，我突然覺得眼前一片黑，全身不斷發冷、冒冷汗，還有點作嘔，不禁趴倒在桌上。後來發生了什麼事我完全不記得，只知道當我回過神來時，自己已經躺在飯店房間裡的床上了。

朋友打電話告訴醫生我的狀況，醫生判斷我應該是中暑了，便吩咐朋友拿紅茶給我喝，於是當時我邊舔著鹽巴喝下了紅茶。

另外還有一次也是發生在斯里蘭卡，是朋友拔牙齒的例子。他按壓著臉頰來到我的房間，馬上叫了到房服務送來紅茶。只見他將紅茶以少量開水稀釋後含在口中幾十秒，當他從洗手間出來時已經是一臉輕鬆了。據說是牙醫告訴他可以用紅茶來止血。

從那次之後，我也一直很想試試這個方法。我將棉花沾著放涼的紅茶後按壓在流血的傷口上，發現血確實止住了，而且還有消腫

的作用。這是我的親身體驗，建議大家也可以試試。

　　這是茶所含的兒茶素成分的功效，兒茶素中「表沒食子兒茶素沒食子酸酯」（Epigallocatechin gallate，EGCg）占了約百分之六十，其他還有「表沒食子兒茶素」（Epigallocatechin EGC）、「表兒茶素」（Epicatechin EC）、「表兒茶素沒食子酸酯」（Epicatechin gallate ECg）等共計四種。

　　這些兒茶素成分具有抗菌、殺菌、對抗毒素及病毒的作用，並且能提高免疫力。紅茶甚至透過發酵還會再產生另外兩種茶多酚，也就是前述所提到的茶黃素及茶紅素。其中之一呈現紅色或褐色，形成紅茶的茶色，但除了顏色之外，還具有非常大的殺菌力、抗菌力及抗氧化力，增加了紅茶的效用。以下便是紅茶的幾種明確功效。

動脈硬化、高血壓

　　降低膽固醇，維持血壓正常。

糖尿病

　　兒茶素可抑制葡萄糖攝取，達到降血糖的作用。

預防癌症

　　兒茶素可活化淋巴球，抑制促使癌細胞分裂的物質產生。

預防老化

預防脂質過氧化以防止老化發生。

治療足癬

紅茶的兒茶素可以防止霉菌增生。

防止食物中毒

紅茶具有消滅大腸桿菌的作用，包括沙門氏菌、金黃色葡萄球菌、腸炎弧菌、產氣莢膜梭菌、大腸桿菌O157等。

防止肥胖

兒茶素可分解中性脂肪，將肝醣儲存於肝臟，並相對地改以代謝脂肪轉化為能量，使得脂肪減少，達到防止肥胖的作用。

預防流感

兒茶素可減緩流感病毒作用，最後達到消滅的作用。

除此之外，包括日本、美國、印度、英國及中國等，世界各國都紛紛投入紅茶的研究，相繼針對紅茶可預防成人病等其他功效的最新發現發表論文。

在不久的將來，或許就能研發出以茶的成分製造出癌症特效藥，

或者是利用茶的抗氧化力製作成防止老化藥物。另一方面，就如同具有放鬆、療癒心靈的作用，紅茶穩定情緒、提振精神的效果也同樣令人期待。

然而，即使紅茶有這麼多功效，但最有助於健康的，或許還是和大家一起享受紅茶的心情吧。

▒ 茶漏的由來

有一種湯匙匙面上有洞，無法作為一般湯匙之用。這是當年中國茶傳入英國時，英國人所發想出來的一種新奇喝茶道具，名叫「有孔匙」（Mote Spoon）。

十七世紀後期，對當時的英國人來說，從中國傳入的茶葉是非常珍貴的東西，等同於財力與權力的象徵。茶葉通常會放在一個像珠寶盒一樣特別的盒子，英文稱為「tea caddy box」，裡頭有兩個小盒子，分別用來放綠茶和紅茶。小盒子之間還有個玻璃碗，用來混合兩種茶葉，同時還有展示炫耀的意味。

當有客人到家裡來拜訪時，主人會請管家取來這個茶葉盒，以自己保管的鑰匙打開，欣賞茶葉。由於茶葉屬於貴重品，因此管家不能掌管鑰匙，必須由主人自己保管。

至於泡茶的方式就不得而知了。混合茶葉雖然不難，但接下來他們會將茶葉放入中國的小急須壺或茶壺中，一旦注入熱水之後，

茶葉和茶莖、茶梗就會阻塞住壺嘴。為此，英國人才設計了一款特別的銀製湯匙，在匙面上開了幾個小洞，用來撈起浮在茶壺上面的茶葉莖梗。

倒出茶之後，壺嘴又會塞住，這回換以細尖狀的湯匙柄端處往壺嘴裡攪刺，舒通塞住的茶葉。

這便是匙面開有小洞、匙柄端呈尖細狀的特殊湯匙的用處。通常湯匙柄上還會刻有擁有者的姓名字首，可以收放在上衣胸前口袋，是茶會上用來炫耀的器具之一。

這個湯匙演變到後來，就成了今日常見的茶漏。仔細想想，以前人這種泡茶方式實在很滑稽，雖然這也是一種炫耀的方法，但在當時大家可是都很認真地以這種方式來泡茶。

到了二十世紀初期，錫蘭紅茶問世，BOP型的細碎茶葉成了一般常見的種類，此時大家才開始逐漸習慣使用茶漏。在這之前，即使喝茶時茶杯裡混有些許茶葉，大家也絲毫不以為意。不但不討厭茶葉渣，反而大多是對茶葉抱以崇敬的態度來進行一場氣氛沉穩和緩的茶會。

如今就算是英國的復古二手商店裡也很難找到有孔湯匙了，不過如果問英國人知不知道這種湯匙，大多數人都會點頭給予肯定的答案。

Chapter

紅茶史上傳奇人物

夢幻紅茶

　　我在一九九九年時，曾經與生產夢幻紅茶的江氏家族第二十四代傳人江元勳見過面。那已經是距今十五多年前的事了。

　　紅茶的始祖正山小種紅茶誕生於中國福建省武夷山的星村鎮桐木村，根據知名的中國茶研究家吳覺農表示，對照桐木村的歷史記載，最早的紅茶應該是栽種於一六三〇年左右。

　　武夷山脈是一座介於中國東南方福建省與江西省之間的地壘山脈，主峰為海拔一千一百五十五公尺的武夷山。十六世紀初期，敗戰於漢族底下的江氏、梁氏及蔡氏一族躲到了這個人煙荒蕪的山區定居了下來。這裡只有野生山菜、枝幹如白樺木般光滑的松樹，以及粗大的竹子和山菜附著生長的植物。

　　這裡的人平時以採茶為生，製作成綠茶後運往城鎮販售。到了十六世紀末，烏龍茶的誕生引起一股熱潮，成了市場上非常受歡迎的茶種。桐木村的人於是也想種植高價的烏龍茶，無奈技術上十分困難，必須將茶菁以控制萎凋的方法進行半發酵過程，這對桐木村的村民來說完全無法學會。再加上村落地處高海拔，氣溫較低，也是製茶上導致失敗的原因之一。

　　當地村民為了使生茶萎凋製成烏龍茶，便以手邊現有的松木來燃燒進行加熱，如此一來，雖然茶葉中的水分被蒸發了，卻因為缺乏室內設備緣故，使得茶葉燻上了一股松木煙燻的氣味。除此之外，

揉捻的發酵過程也由於力道太過強烈，使得茶葉纖維被破壞得太細碎，成了比烏龍茶還要強烈的發酵茶。

災難不止於此，在控制發酵的加熱乾燥殺菁過程時又再一次燻上松木煙燻的氣味，成了煙燻味更重的茶葉。

染上煙燻氣味的茶是完全無法入口的失敗茶葉，但這種有著焦香與強烈發酵的茶，後來卻以桐木村紅茶之名、成了不同於烏龍茶的知名茶種。

在初夏的福建四處可見龍眼這種水果，直徑約三公分，外皮呈焦褐色，撥開後裡頭是如荔枝般透明的果肉，吃起來有著青蘋果的酸甜和桃子及荔枝的味道，是十分受歡迎的當季水果。將龍眼乾燥之後，包覆著堅硬種籽的透明果肉會變成如葡萄乾般。桐木村紅茶的香氣就恰好與這龍眼乾的氣味相同，於是又被稱為「龍眼紅茶」。

不過，它的正式名稱應該是「正山小種茶」。「正山」取自桐木村所在的武夷山，「小種茶」則意指野生少量的茶種。

至於為什麼正山小種茶會被視為是夢幻的紅茶，首先，正山小種茶的特色是帶有淡淡的煙燻氣味，但經過漫長航程運到英國之後，茶葉品質已變差，香氣也變得淡薄，再加上倫敦的水質屬於硬水，使得原本的茶香變得更淡了。於是，茶商們紛紛透過東印度公司向桐木村的茶農要求要有香氣更重的茶，這部分的過程就正如前文第七十四頁所述。

「強烈的香氣」到底是什麼，這個問題十分困擾著銅木村的茶

農。茶菁有著天然的香氣，是無法改變的氣味，因此他們誤將這「強烈的香氣」解讀為「煙燻味」，於是將原本的正山小種浸水再經過數次的煙燻過程，成了帶有強烈臭味的紅茶。味道已經不再是原本的龍眼香，而是猶如中藥正露丸的臭味。這種紅茶茶農自己本身並不喝，完全是為了銷往英國而生產的茶。而原本帶有清淡龍眼香氣的正山小種茶，便成了所謂的夢幻紅茶。

為了外銷所生產的這種茶即使有著強烈的臭味，但到了倫敦喝起來卻味道適中、不刺鼻。在英國，正山讀作「zhengshan」，小種為「souchong」，後來混合了中文的讀音，成了現在的「Lapsang Souchong」。

具有歷史意涵的武夷山紅茶對英國人來說，是值得崇敬的傳統紅茶，即便製茶過程和氣味來源都有待商榷，那仍舊是一股屬於東方神祕的香氣。

當年與江元勳先生見面時，他說什麼也不肯對我透露這段過去的真正過程。這是因為當時所用的方法加了不該加的煙燻氣味，更為了反覆進行煙燻而以外力增加茶葉含水量，這都違背了中國引以為傲的傳統製茶方法，因此說什麼也不能對外透露。

當時，我比原本所預定的多停留了兩天，對於如此真切期盼獲得真相的我，他才終於對我說出了一切。最後他告訴我：

「你是繼戰後來自大阪的一位電機工程師之後，第二個來到我們村子的日本人。事實上，我想再一次讓這最早、最原始的正山小種

茶重新復活，回到市場上。」

說著這些話的他激動得面紅耳赤，眼眶中還帶著淚。

二十年後，夢幻的正山小種茶果真重新復出了，甚至還出口至日本、德國及美國。而當然，有著正露丸氣味的「Lapsang Souchong」也依然存在著。

▒ 凱薩琳王妃與陪嫁的紅茶

為英國帶來紅茶而留名於世的王妃，正是凱薩琳（Catherine of Braganza，一六三八～一七〇五年）。

凱薩琳是葡萄牙國王布拉干薩公爵約翰四世（João IV）的第二個女兒，她在兩歲時就因為政治聯姻許配給了當時才十歲的英格蘭王子，也就是後來的查理二世國王。

這段婚姻的背後有著政治戰略的考量。自從凱薩琳的父親約翰四世宣示從西班牙手中獨立之後，便點燃了葡萄牙與西班牙之間的戰火。當時，葡萄牙被逼到絕境，於是以苦肉計轉向英格蘭結盟，藉此度過了險境。然而，英格蘭隨後便因為奧利弗·克倫威爾（Oliver Cromwell）發動清教徒革命（Puritan Revolution），當時的國王查理一世被推上斷頭台，英格蘭於是進入共和國時代，世局一片混亂，使得當初的聯姻約定一直無法實現。

克倫威爾死後，流亡於法國的查理二世在眾人的擁護之下回到

英格蘭，並於一六六〇年復辟王位。復位後的查理二世為了改善當時岌岌可危的財政狀況，並防止東印度群島主權被荷蘭獨占，因此決定再一次與葡萄牙結盟。

於是，在兩國同意之下，擱置了二十二年之久的政治聯姻終於實現。一六六二年，凱薩琳在七艘船隻的陪同之下抵達了英格蘭，帶來的嫁妝包括印度孟買的領導權，以及大量的砂糖、東方家具、茶器與紅茶。當時這紅茶完全是凱薩琳為了自己的健康所帶來的「藥」。

氣質高貴又漂亮的凱薩琳十分受到人民的愛戴，但另一方面，有著黝黑髮色及眼珠的她總是身穿著葡萄牙的宮廷服飾，這一身裝扮在當時流行法國風格的英國人眼中看來只有粗俗可言，因此也受到了貴婦們的冷言相待。評論家安東尼‧漢默頓（Anthony Hamilton）就曾針對下嫁到英格蘭的凱薩琳寫下如此記載：

> 新王妃嫁入我國，卻毫無添增宮廷的精采。她平庸的容貌
> 絲毫不如身旁的隨從。

最終，對凱薩琳來說，這只是一場不幸的婚姻。她的丈夫查理二世是個名符其實的花花公子，一生中光是公開的情婦就多達十四人以上，甚至還替他生了十四個小孩，還曾發生過這麼一段故事。

有一次，查理二世來到某個情婦的家，看到一個三、四歲左右

的男孩跑了過來。情婦對男孩說：「快過來打招呼。」查理二世於是疑惑這麼大的孩子了，難到沒有名字嗎？

情婦於是回答：「自從他出生之後，他的父親就從來沒有來看過他，當然沒有名字。」

凱薩琳與查理二世原本共同居住在漢普敦宮，但公認最受到查理二世寵愛的情婦克利夫蘭公爵夫人芭芭拉‧維利爾斯（Barbara Villiers）卻揚言要搬進來一起住，引起來不小的騷動。

面對丈夫相繼出現的情婦，凱薩琳為了排解獨守宮中的孤寂，只能每天不斷喝著從祖國帶來的紅茶。

當時，在英國的王親貴族之間都知道可憐的王妃以紅茶來排解國王外遇的寂寞，但紅茶只有富裕或高貴人家才喝得到，凱薩琳也會將這珍貴的茶用來宴請客人或前來探訪的貴婦們。於是，王妃的茶漸漸變得有名，成為貴婦們羨慕的高貴飲品。許多貴婦都夢想能像荷蘭的女生一樣，用中國美麗的茶器優雅地每天喝一杯紅茶，於是，「茶是符合貴婦身分地位的飲品」之說便流傳了開來。

直到一六六九年為止，凱薩琳曾數度懷孕，卻一直無法生下王室後代。一六八五年二月，查理二世逝世，此時的她仍繼續留在英格蘭，直到一六九三年才重回久違了三十一年的祖國葡萄牙。

葡萄牙和荷蘭一樣，在對中國的貿易往來中並沒有對茶葉展現特別的愛好。但正因為身為葡萄牙公主的凱薩琳所引發的這股奢侈的飲茶嗜好，卻替英格蘭帶來了紅茶的文化。於是，她從此成了英

一六六二年嫁給查理二世的葡萄牙公主，凱薩琳‧布拉干薩。

國紅茶歷史上無法忽略的重要人物。

▒ 波士頓茶黨事件的主謀

一七七三年十二月十六日，天還沒亮，一群反對英國議會殖民地政策的人偷偷潛入東印度公司停靠在美國麻薩諸塞州波士頓港口、準備運送紅茶前往英國的船隻，將船上所有的紅茶箱全部傾倒至海中。歷史上稱此為「波士頓茶黨事件」（Boston Tea Party）。

這個事件的主謀是塞繆爾‧亞當斯（Samuel Adams，一七二二～一八〇三年），他出生於波士頓當地，是帶領美國從當時英國殖民底下獨立的人物，同時也是針對英國政府發動反抗運動的主導者。

如同一七六五年所制定的印花稅法，英國議會一直不斷對殖民地採取強壓性的課稅制度。塞繆爾當時便對此提出抗議，主張應該廢止這樣的決議，並鼓吹殖民地從英國的占領支配下宣示獨立。

英國對於殖民地除了印花稅之外，針對茶葉、玻璃、紙、鉛、顏料等各項物品也都課有關稅，藉此從中獲得龐大稅收。後來，隨著塞繆爾的抗議活動，反對此舉的社會輿論日益高漲，英國於是不得不對殖民地讓步，撤除了所有關稅，只保留了對紅茶課稅。

然而，英國對於紅茶的堅持十分堅定，一七七三年議會又通過了一項新的「茶葉法令」（Tea Act），強押殖民地接受實施。這是由於當時殖民地有些人為了逃避茶稅，轉而向荷蘭人進口較便宜的紅茶，

英國議會於是對此頒布禁令，並將東印度公司大量庫存的紅茶強銷至殖民地。當然，這樣的法案引來了許多反對，一群以塞繆爾為主的「自由之子」們開始展開激烈的抗爭活動，甚至還曾襲擊東印度公司的員工。

一七七三年十一月二十八日，一艘東印度公司裝有一百一十四箱紅茶的船隻達特茅斯號（Dartmouth）停靠在波士頓港。根據英國相關法規規定，船隻必須在二十天內完成卸貨並支付稅金。塞繆爾於是立即召開會議，當場所有人一致決定不讓船上貨物卸貨，也不繳納相關關稅，而讓整艘船連同貨物再回到英國。然而幾天後，另外兩艘貨船埃莉諾號（Eleanor）與比佛號（Beaver）也相繼載著紅茶抵達了波士頓港。

塞繆爾一夥人請求英國總督讓船離港，但總督拒絕，仍然讓船停在波士頓港，等待機會卸貨。

事態緊迫，終於在一七七三年十二月十六日夜裡發生了事件。塞繆爾率領約五十人裝扮成美國原住民莫霍克族（Mohawk）的模樣，在臉上和身體塗上顏料，頭上插著羽毛，身上披著毛布，手持斧頭及刀子偷偷地潛入船上。

他高喊著「讓波士頓港成為裝滿茶葉的茶壺吧」，接著便將數艘船上所堆放的三百四十二箱紅茶全數破壞、倒入海中。

對於這項暴動，英國議會立即下令封鎖波士頓港，並解除麻薩諸塞州的自治權，派出英國軍隊前往駐守，展現壓制所有暴動與抗

議活動的強硬姿態。

塞繆爾一群人於是在費城集結了當時所有殖民地的代表進行會議，決議否定英國議會的立法權，並斷絕與英國之間的經濟往來。接著，一七七五年四月，殖民地民兵在波士頓近郊的萊辛頓（Lexington）與康科特（Concord）與英國軍隊發生衝突，成了美國獨立戰爭的開端。

紅茶是促使美國獨立的契機。支持波士頓茶黨事件的殖民地人民開始展開拒買英國商品的行動，且各地相繼掀起一股拒喝紅茶的行動，相對地咖啡便因此變得普及了。

後來美國終於獨立，第一任總統喬治‧華盛頓（George Washington，一七三二～一七九九年）卻是個嗜愛紅茶的人，他主張「人雖有罪，紅茶無罪」，絲毫不掩飾自己對紅茶的熱愛。

接下來歷任的美國總統都曾數度以「波士頓茶黨事件」發表演說，其中第二任總統約翰‧亞當斯（John Adams，一七三五～一八二六年）就曾公開讚揚當年事件的主謀塞繆爾‧亞當斯：「當與人民站在一起時，一定會做出震撼人心、長存於後人記憶的偉大行動。波士頓茶黨事件是個大膽、擁有寬大胸襟、堅定而勇敢的行為，具備其非凡的重要意義，也是歷史上劃時代的一頁。」

順帶一提，如今在美國，茶黨運動（Tea Party movement）也成了共和黨對抗歐巴馬政權的口號，反對政府將稅收用來作為汽車產業、醫療、經濟政策的補助以及金融機關的救濟方案。

波士頓茶黨事件的主謀塞繆爾・亞當斯。
面對英國的不合理課稅政策挺身抗議。

「TEA」所代表的含意為「Taxed Enough Already」（稅金已經夠多了），但今日共和黨的訴求不同於當時波士頓事件反對課稅的主張，反而是批評政府稅收的使用方式，認為應該適當使用。

今天，在波士頓甚至可以喝到一款名為「塞繆爾‧亞當斯」的啤酒，這是波士頓啤酒公司為了紀念第二任總統約翰‧亞當斯的表哥、同時也是偉大的政治家塞繆爾‧亞當斯，因此將他的名字用來作為商標。塞繆爾的父親原本便是經營釀酒廠，塞繆爾年輕時也曾在酒廠裡工作，這也是他之所以被稱為「釀酒師塞繆爾」原因。

除了紅茶之外，我也是個熱愛啤酒的人，不喝紅茶的時候就會喝啤酒。當初造訪波士頓港的博物館時，我參觀著比佛二號（Beaver II）邊喝著「塞繆爾‧亞當斯」啤酒，耳邊彷彿也聽見了當年事件發生時的喧囂。

▓ 傳授紅茶的民族

「茶樹只能生長在中國，不應該會長在這裡。」

一八二三年，蘇格蘭少校羅伯特‧布魯斯（Robert Bruce）在印度東方的阿薩姆見到了景頗族的族長比亞‧卡姆（Bisa Gamu）。他對於比亞‧卡姆所言自己族人也栽種紅茶一事感到無法置信。

羅伯特當時隸屬於東印度公司的軍隊，主要任務是為了阻止緬甸人侵占阿薩姆。倘若真如比亞‧卡姆所言、在印度發現茶樹的存

在，簡直就等於找到油田一樣挖到寶了。

然而，當時他只是聽比亞·卡姆這麼說，並無法實際前往確認茶樹的存在，於是他和比亞·卡姆約定好：「下次來阿薩姆的不是我就是我弟弟查爾斯·布魯斯（Charles Alexander Bruce），到時候請務必帶路讓我們找到茶苗和種子。」

隔年一八二四年，第一次英緬戰爭（Anglo-Burmese Wars）爆發，查爾斯·布魯斯搭乘著砲艦沿著橫跨阿薩姆的布拉馬普特拉河而上，來到鄰近緬甸邊界的朗布爾（Rangpur，現今的西布薩加爾）。

查爾斯是受到哥哥羅伯特的指示，聽說朗布爾這裡有種植茶樹，特地來向景頗族族長比亞·卡姆索取茶苗和種子。景頗族原本隸屬於克欽族（Kachin），自緬甸北部遷移至朗布爾後便改名為景頗族，並在此處培育起從緬甸帶來的茶樹。

後來，查爾斯終於見到了比亞·卡姆，但對於擺在眼前心念已久的茶苗和種子，以及在這之前只在圖鑑上看過的茶葉，卻遲遲無法判斷真假。這時比亞·卡姆說道：

「我們是緬甸人，祖先來自於中國雲南。雲南的茶一直以來都與我們族人共生共存著，最後在這裡落地生根。」

二〇一一年十月，我和二十多名觀光客一起來到西布薩加爾。這趟行程目的是要造訪景頗族，但礙於參加旅行團時間有限，無法直接前往尚有很長一段路程的景頗族部落，因此特邀請族人來到城

內，與我們在飯店見面。

當我們來到飯店時，三男兩女、身穿民族傳統服飾的景頗族人已經等候許久了。男子脖子上圍著紅黑格紋的紫色圍巾，頭上包著同樣布料做成的頭巾，一只有著刺繡圖樣的紅色華麗背袋自肩頭落下。除此之外，還配戴著一把約一尺長的佩刀。女子則裹著同樣色調的美麗沙龍（一塊大塊的布料，為亞洲民族的傳統服飾），肩上至胸前則如紗麗般包裹著一條圍巾。

男子的容貌不同於阿薩姆當地人，類似蒙古人的圓臉上有著黝黑的肌膚與細長雙眼，和中國及日本人樣貌相當接近。女子五官輪廓清晰，有著可愛的美人樣貌，小巧的臉龐笑起來很迷人。

其中看起來像是負責發言的男子名叫高利（Gauri Singnen），長得就和日本知名演員西田敏行年輕時一模一樣，讓人第一眼見到馬上就有親切感。

高利非常珍惜與遠道而來的我們會面的機會，跟我們聊了許多。

根據他的說法，景頗族在國籍上雖然屬於印度，但事實上卻不是印度人，真正的祖先其實是中國人。後來隨著部落遷移成了緬甸人，之後又再移居到阿薩姆。茶葉對景頗族來說是民族之寶，也是他們生活中的一部分。一八二三年，當時的族長比亞·卡姆遇到了羅伯特，告訴他有關茶樹的事，後來才在查爾斯的協助指導之下開始生產紅茶，直到一八四〇年才將第一批生產出來的四百八十噸紅茶（兩百一十八公斤）送往加爾各答（Calcutta）。

席間高利十分興奮，不斷說著自己族裡的事，甚至連桌上的香料茶都忘了喝。他數度伸出冒汗的雙手緊握著我，告訴我：「我們族裡如今有三萬多人，生活一切都受到印度政府的保護。我希望你們可以到我們村子裡來看看，而不是只在這裡聽我說。」

說完，他終於端起桌上的奶茶喝了一口。我於是問他：「你們也經常喝香料茶嗎？」

「偶爾會喝，但畢竟這是不同民族的紅茶，我們平常喝的都是自己村裡所生產的紅茶。」

他這番話讓我不禁感到驚訝而探身往前，想不到他們竟然有自己的茶葉，而不是喝這種印度最常見、被視為是大眾紅茶的阿薩姆CTC茶葉。

當時我恨不得能立刻跟著高利直接前往他的村落，但礙於當時參加的是旅行團而無法如願。

與景頗族的再次會面

兩年之後的二〇一三年二月，我終於隻身來到了景頗族的村落。村子的位置必須從阿薩姆的西布薩加爾再往東南方深入、約五個小時的車程才能抵達。

村子裡觀光客住的小屋是高床式建築，整棟屋子包括地板、牆壁和天花板全是以竹子編成，還能從隙縫間看到外頭村民所飼養的

雞、狗和豬隻。屋子外頭就是茶園，一整片祖先傳承下來的阿薩姆種茶園範圍十分廣大。

　　廚房裡有個燒柴的大爐灶，上頭擺著中式料理用的鐵鍋，裡頭烤著以長串串起、類似香魚的溪魚。另外也有土鍋，燉煮著看似美味的蔬菜咖哩。

　　我盤坐在小矮桌前等待，不久端上來了以香蕉葉包裹的米飯，一打開，米飯上頭放著咖哩、漬物，還有烤魚和烤雞肉，吃的時候必須用手剝下肉混著米飯一起吃。雖然不知道這道料理的名字，但無論是魚、蔬菜或雞肉都很新鮮，雖然外觀看起來粗獷，一開始還有點害怕擔心，但後來愈吃愈起勁，非常美味。在吃到咖哩時發現，他們的咖哩不像印度咖哩有著香料的味道，反而像中國及緬甸等地的咖哩口味較溫和。證實了他們一再說的，自己雖然是印度人，卻不是真正的印度人。

　　而真正可以證實這一點的，是他們所喝的紅茶。在我用餐前甚至是用餐時，他們好幾次為我倒茶，要我搭配著料理一起吃。一般來說，印度人吃咖哩時搭配的是開水，奶茶不會與咖哩一起喝，大多是肚子餓或疲累時在奶茶店才會喝茶，搭配的食物通常是類似甜甜圈或蔬菜天婦羅之類的東西。

　　景頗族人平時便將紅茶當水喝，無論是聚會聊天、吃點心或吃飯時，都會喝紅茶。對他們來說，紅茶就是開水。

　　而且他們喝的是自己栽種生產的紅茶。我再三拜託高利讓我見

識他們生產紅茶的過程，景頗族人幾乎都是在自己家裡生產紅茶，但一些有權勢的人則擁有自己的製茶廠。後來高利帶我去其中一個人的小屋，屋子裡只擺放了一台自動篩茶機，以及堆疊在機器後方的數十個大竹簍。頓時間我看傻了，這哪裡稱得上是製茶廠，如此簡陋的設備，到底要怎麼生產紅茶？

高利和茶廠主人於是向我說明，新鮮茶葉以手採摘之後會立刻曝曬在陽光下乾燥，接下來經過手捻的過程，然後再一次進行露天或室內乾燥。在其他村落有些會以機械代替手揉，但在這裡由於茶葉只用來自己喝，並不販售，因此不以機械代勞。冬天時不採茶，而是將做好的紅茶塞進竹筒裡，放在廚房的爐灶上加熱，如此一來，茶葉便會染上竹子煙燻的香氣，成了景頗族人冬天喝的紅茶。像這樣夏天和冬天能分別喝到不同風味的紅茶，對景頗族人來說是一大樂事。

這種作法和現今雲南少數民族所流傳的竹筒茶完全相同，景頗族原本便是雲南的部落民族，後來才遷移到緬甸北部，隨後又經過克欽邦，最後在阿薩姆定居了下來。換言之，隨著當年祖先的遷移，喝茶的文化也跟著在這塊土地上落地生根。

景頗族的紅茶與如今印度常見的阿薩姆紅茶相較，澀味較淡，且少了發酵紅茶的香氣。即便如此，這仍舊是他們生活中不可或缺的飲品。他們從不因此改變，模仿起其他作法，而是默默守護著這個對自己而言最重要的紅茶。

在高利的引介之下，我還拜見了當時的景頗族族長比亞·隆東（Bisa Latnong），他是當年的比亞·卡姆的第四代傳人，而第五代傳人目前年約三十五歲，第六代則只有三歲。族長一家人住在一間寬大的高床式建築，拜訪當時已經是晚上了，屋子裡頭只有微亮燈光，但他們還是立刻換上傳統服裝接受我的拜見。

「比亞·卡姆是個什麼樣的人？」

面對我的問題，隆東這麼回答。

「比亞·卡姆是個勇敢、非常機敏且熱愛族人的長者。當年英國人攻打緬甸時，一些原本與他交戰的人最後都在他的化解下雙方和平結盟，甚至他還幫助這些人栽種紅茶，且從中獲得相關稅金和酬勞回報，而並非只是個單純的勞動者。在他的努力之下，那時候景頗族對英國來說，是個幫助自己栽種紅茶的對等夥伴關係。」

隆東掏出了一把以油紙包著的老舊手槍，長度約五十公分，槍身都已經生鏽了。

「這是當年查爾斯·布魯斯送給比亞·卡姆的手槍，說明了當年雙方的互信關係。」

屋裡神壇上橫貼著一張幾十年前某人描繪的比亞·卡姆的畫像。

「身為將紅茶傳授至世界的民族，如今你有什麼想法嗎？」我問隆東。

他沉默了一會兒後才開口。

「我們在這塊土地上，與英國人將祖先所流傳下來的紅茶改變成

另一種新的樣貌，成為現在印度人天天喝的紅茶。對此，我感到非常開心。」

事實上，阿薩姆紅茶不只流傳於印度，甚至遠渡斯里蘭卡，就連印尼、非洲等地也都看得到紅茶的身影，盛行範圍擴展到全世界百分之九十的國家。

在離開景頗族村落的那一刻，我看見一直害羞躲在大人身後、年僅三歲的第六代傳人，遠遠地微笑向我揮手道別。

▓ 成功種植出阿薩姆紅茶的兄弟

布魯斯兄弟倆出身於蘇格蘭，哥哥是羅伯特，弟弟是查爾斯，兩人都在十幾歲就前往印度、在東印度公司底下當個小零售商。

當年緬甸入侵阿薩姆、與英國爆發戰爭時，哥哥羅伯特便在東印度公司的許可下，從加爾各答收集槍炮彈藥轉售提供給戰爭前線的軍隊。後來到了一八二一年，他加入軍隊成為少校，自己帶軍參與戰事。

另一方面，弟弟查爾斯也追隨著哥哥的腳步，十六歲時便來到了印度。一開始他只是跟著羅伯特一起工作，後來入編至東印度公司所屬軍隊，乘著砲艦投入英緬戰爭中。

一八二三年，羅伯特在鄰近緬甸邊界的朗布爾遇到了當時景頗族的族長，是「發現茶樹」的歷史性一刻。不幸的是，他當時沒能把

將茶苗送給布魯斯兄弟，並教他們製作阿薩姆紅茶的景頗族族長比亞・卡姆。

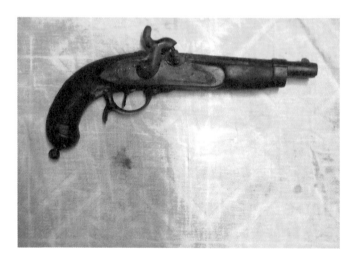

查爾斯送給比亞・卡姆的手槍。

茶苗和種子帶回英國，因此他將所有的期待委託給了弟弟查爾斯。

一八二四年，查爾斯見到了比亞·卡姆，拿到了期盼已久的茶苗和種子，卻因為從來就只有中國人知道真正的茶樹的模樣，因此查爾斯根本無從判斷手中的茶苗到底是真是假。不過，見過這深植於景頗族人生活中的飲茶、喝茶習慣的他堅信，自己取得的絕對是真正的茶苗。

就在同一年，羅伯特去逝了。

關於查爾斯所獲得的茶苗究竟是真是假，植物學家們一直爭論不休，大多數意見都認為那不過是看似茶樹的另一種山茶樹罷了。

另一方面在英國，即便許多人還是堅持只承認中國茶葉，但由於國內對紅茶的需求明顯增加，再加上與中國之間的貿易往來進口大於出口，國內資金不斷往外流而形成龐大的赤字，因此漸漸出現另一種聲音，表示出對阿薩姆紅茶的興趣。於是，印度總督威廉·本廷克勛爵（Lord William Bentinck）於一八三四年二月設立了茶葉委員會，提出了在印度同時栽種中國茶及阿薩姆茶的計畫。

對此毫不知情的查爾斯自海軍退役後便繼承了兄長的遺志，獨自一人努力嘗試栽種茶樹。雖然無論加爾各答或英國都不承認這是真正的茶樹，但他堅信這些茶樹來自於神的賜予，同時也是哥哥羅伯特所遺留下來的心願。

他在西布薩加爾、薩地亞（Sadiya）、馬塔克卡岡（Matak Gaon）等地發現了野生茶樹，之後的兩年內，他在一百二十個地方嘗試

栽種。

「野生茶樹越過中國邊界傳到了緬甸，再一路延續到印度東部的阿薩姆，形成一連串的生長區。因此毫無疑問地，這茶的確是傳自中國。」他說道。

為了說服眾人，他花了十幾年的時間在阿薩姆的荒野間四處探索尋找。

終於，他的堅持有了回報。在景頗族的協助之下，他成功種出了阿薩姆紅茶。一八三九年八月十四日，查爾斯在加爾各答所召開的茶葉委員會上談到了心中對哥哥遺志的想法。

「這一刻，我盼了好久。這次茶樹的發現，將為英國、印度甚至是全世界的人帶來無比的恩惠。我衷心感謝上帝賜予我國這般深厚的祝福。」

從證實了哥哥所發現的茶樹是真正傳自中國的茶樹，到最後成功種出紅茶，十六年的歲月就這麼過去了。

二○○五年五月，我來到布拉馬普特拉河沿岸、查爾斯‧布魯斯長眠的泰茲普爾（Tezpur）。

一八四○年，英國設立了阿薩姆公司（Assam Company），同年三月，查爾斯‧布魯斯受命擔任總監一職，參與阿薩姆公司的營運。當時他四十七歲。之後的兩年間，公司茶園的栽種面積已經擴展至一百八十英畝。然而，一直到一八四三年，茶園的生產量一直無法提升，倫敦方面逐漸對阿薩姆公司失去信心，造成公司股價開始

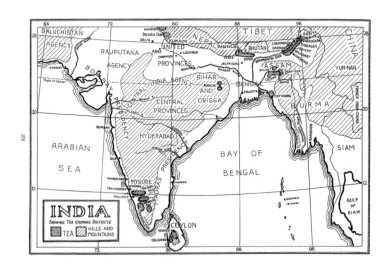

十九世紀被稱為英屬印度（British India）時的印度地圖。

下跌。

除此之外惡運不只一樁，阿薩姆公司一艘為了運載紅茶所建造的船隻由於不敵布拉馬普特拉河的激流，中途只能放棄折返。在接連事件的影響之下，公司於是如泡沫瓦解般瞬間倒閉。英國方面派來了調查團，最後將所有責任歸咎於查爾斯，他也因此遭受解雇。那年他五十歲。

他曾說道：「哥哥和我一起在阿薩姆這塊土地發現了茶樹，我們將它栽種在這裡，以阿薩姆強烈的陽光使茶葉萎凋，以手揉捻，以炭火乾燥，做成紅茶。野生的阿薩姆茶樹甚至可以長至十五公尺之高，但我們發現即使將它固定修剪至一公尺左右，還是能長出許多嫩芽新葉。我們也發現茶樹生長除了日照之外，同時也需要日陰，於是我們在茶園裡栽種了供茶樹陰暗的樹木。這些經驗對於在阿薩姆這塊土地栽培茶樹來說有著非常大的幫助。」

面對阿薩姆公司這段失敗的處遇，查爾斯絲毫沒有任何悔恨。因為他所冀望的並非地位或名聲，而是成功完成紅茶的栽種生產，為更多人帶來喜樂。

他的墓地就位於泰茲普爾的公墓，多年無人探訪，雜草叢生。墓碑上有個小圓中刻劃著茶葉的圖案，雖然已經看不太清楚了，但毫無疑問地，那正是一枝新芽與兩片嫩葉所組成的「一芯二葉」。

查爾斯·布魯斯的妻子伊莉莎白，兩人當年在泰茲普爾沿著布拉馬普特拉河河岸蓋了間房子當家，並作為紅茶的傳授處，教人關

於栽種與製茶的種種。另外在不遠處又蓋了一間教堂，如今已成廢墟無人使用，但可供人入內參觀。裡頭幾近崩坍的牆上，刻著兩人的墓誌銘。

查爾斯・亞歷山大・布魯斯
一七九三年一月十一日生
一八七一年四月二十三日歿
生前發現許多阿薩姆原生種茶樹，廣泛於各地栽種阿薩姆種
紅茶。曾任職阿薩姆公司總監，負責傳授茶樹的栽培與技術。
以阿薩姆茶的基督教傳教士為己責，向世人歌頌茶的功效。

妻　伊莉莎白・布魯斯
一八〇四年三月十一日生
一八八五年二月十日歿
嫁入布魯斯家六十年，期間致力於傳布基督教及各項充滿
慈愛的慈善活動。她常說：「施比受更有福。」（It is better to
give than to receive.）

　　五月的阿薩姆有著令人難忘的悶熱，眼前的相機對焦框不斷因為暑氣起霧，擦了又擦。如此不適的天氣，為什麼查爾斯當年不選擇回到涼爽舒適的蘇格蘭呢？他真的願意花費畢生的時間，就為了

對栽種紅茶與製茶所抱持的熱愛？甚至連他的妻子伊莉莎白也是如此？

帶我去看查爾斯墓地的人告訴我。

「查爾斯是紅茶之父，更是為阿薩姆這塊土地帶來基督教的傳教士。尤其是他的妻子伊莉莎白，她教會了對基督教一無所知的阿薩姆人什麼是愛、心靈與道德。」

有人種茶，有人喝茶。但有人卻只專心在種茶與製茶，而忘了「喝茶」這回事。

「紅茶的鮮度只在瞬間，並非永遠。」

想必查爾斯生前必定曾仰天祈求永遠，因為即便他已離開人世，阿薩姆茶卻仍傳承於世，人們持續製茶，為大家帶來喜樂。而這也是他妻子的心願。

鴉片戰爭與林則徐

在鴉片戰爭發生之前，大家都認為只要有中國繼續產茶的一天，英國與中國的友好關係便會永遠持續下去。乍看之下和平相處的兩國，事實上，大國中國的態度一直十分強勢，視自己為是天朝上國，以恩賜的態度向英國出口他們本國沒有、卻十分渴求的茶葉。

一七九三年，當時的英國國王喬治三世（George III，一七三八～一八二〇年）向要求中國乾隆皇帝（一七一一～一七九九年）增加開

放港口，並加強雙方貿易往來。不過，中國本身物產豐饒，對於英國的出口商品完全沒有需求。但相對的，中國的茶葉、陶瓷及絲綢等對英國而言都是非常受歡迎的必需品，因此乾隆挾帶著如此優勢，仍然採取閉關政策，只肯開放廣東一處進行對外貿易。

然而，中國的這種傲慢態度，到了十九世紀卻面臨全面翻盤的命運，其中原因就在於從英國進口的鴉片。

如同乾隆所言，英國引以為傲的出口毛織品對於偏愛絲綢及棉織品的中國人來說，完全不被接受，再加上英國沒有其他任何可替代出口的商品，無法用以物易物的方式來交換中國的茶葉，因此只能以白銀來進行買賣了。隨著進口的茶葉不斷增加，英國付出的白銀愈來愈龐大，最後不堪負荷，成了非常嚴重的財政問題。

此時英國所採取的策略，便是將產自印度的鴉片出口至中國，試圖以此解決逆差的問題。

鴉片原本栽種於印度的孟加拉（Bengal），在蒙兀兒帝國（Mughal Empire）時因為實行鴉片專賣制度而受到控制。到了十六世紀，葡萄牙人入侵印度，知道了鴉片的存在，便於十七世紀時趕跑了販賣鴉片的印度及阿拉伯商人，奪取了鴉片的掌控權。之後，隨著葡萄牙公主凱薩琳嫁給查理二世，英國人也因此得知了鴉片這種作物。

一七七三年，英國取代了蒙兀兒帝國掌握了鴉片的專賣權。鴉片是以罌粟果實製成的一種麻醉藥，經常使用會造成鴉片中毒，不僅腐壞身體，還會造成精神症狀。中國本身也有鴉片，但主要都是

做成服用的液態藥品。然而，從英國帶進中國的鴉片卻是如吸菸般屬於吸食品，因此被當成嗜好品造成一股大流行，一下子就蔓延傳了開來。

英國的這項策略果然成功，鴉片從買入到轉賣給中國，英國可從中獲得三百至五百倍的獲利。這收益十分龐大，過去因為茶葉貿易所流失的白銀，如今反而變成從中國大量流入至英國。

從銷往中國的鴉片出口量來看，十八世紀後期每年約是一千箱（每箱約六十公克），到了十九世紀出來到四千箱，最後鴉片戰爭爆發之前的一八三八年已經增加到每年四萬箱之多。可說一夕之間整個中國完全被覆蓋在鴉片的迷幻之中。

對中國而言，鴉片成了危害人民健康甚至滅國的毒藥，於是清朝道光皇帝（一七八二～一八五〇年）終於下令禁止繼續從英國進口鴉片。

一八三八年，道光指派林則徐（一七八五～一八五〇年）到廣州，向英國人發布禁銷鴉片的命令。當時所有英國人所持有的鴉片都必須全數銷毀，若發現有人進口鴉片，一律處以死刑。

林則徐隨即展開取締鴉片的行動，將販賣鴉片者處刑，包括收取賄賂默許鴉片買賣，或是自己也染上鴉片的官員也一概給予處分。這一連串的動作讓英國人慌了。被查獲的鴉片也會被中國沒收，官方還派士兵包圍英國商館，手段十分強硬。

面對如此強硬的態度，英國人拒絕交出鴉片，因此一度還造成

要將所有英國商人全部處以死刑的危機。

於是，當時的英國駐廣州貿易監督官員義律（Charles Elliot）急忙找上林則徐，他承諾會將所有鴉片全數交由中國管收，才因此化解了一時的危機。

不過，義律對此抱持不滿，要求中國撤除禁止鴉片的命令。一八四〇年六月，英國海軍艦隊來到廣州，開始對中國展開攻擊，林則徐所駐守的基地於是淪陷。英國更趁勝一路北上攻至鄰近北京的天津。當時英國的兵力遠遠勝過中國，以清廷的武力來說根本毫無勝算。

林則徐雖然主張中國行動的正當性，但即便中國的出發點沒有錯，卻選擇採取武力手段而非交涉，就已經預言了自己的失敗了。

面對英國艦隊的節節逼近，道光慌亂狼狽，將責任歸咎於林則徐並解除他的職務。中國不斷地向英國採低姿態，努力滿足對方的要求，最後雙方簽訂了《南京條約》，中國只能完全接受英國所提出來的條件。

之後，除了香港之外，英國也迫使中國開放廈門、福州、寧波、上海等數個港口，開始進行自由貿易。而這才是英國真正的企圖。不過，兩年後，中國又在脅迫之下被迫與美國和法國簽下了通商條約，這些原本屬於英國東印度公司的獨占貿易也因此成了自由競爭的舞台。

英國使盡各種手段就是要獲得紅茶，由於本國無法栽種，於是

東印度公司收購中國茶葉的景象。由於白銀不足，因此改以鴉片支付。

不得不冒險向遙遠地方的中國強取。這也是在中國、印度、斯里蘭卡到非洲各國等地不斷進行紅茶栽培、英國紅茶的歷史宿命。

▨ 錫蘭紅茶之父

二〇一三年九月二十日，在本書執筆期間，我造訪了位於斯里蘭卡康提的錫蘭茶博物館（Ceylon Tea Museum）。

自從我開始對紅茶產生興趣，從事錫蘭紅茶相關工作，隨著對紅茶的歷史和文化愈是瞭解，最讓我感到好奇的男子，便是被大家尊稱為「錫蘭紅茶之父」的詹姆士・泰勒。

在博物館裡有一枚盤子讓人看得入迷，湊上前到與盤子僅剩數十公分的距離仔細端詳，彷彿還聞得到盤子上的氣味。那是泰勒小時候，他母親送給他的兒童專用盤，直徑十七、八公分的兒童盤上，邊緣有著缺角，盤面裂開處被重新貼合了起來，如今放在玻璃盒中完善保存著。

盤子上有著小屋的圖案，一個小孩正開門邀請精靈們到屋子裡作客。圖案上頭寫著這樣的詩句。

If the fairies come to tea

How very jolly that would be

They'd say "Hello" I'd say "Come in"

And then the fun would all begin

（如果精靈們來家裡作客喝茶，

將會是多快樂的一件事啊！

他們說：「你好，打擾了！」我說：「快請進來吧！」

有趣的事就這麼開始了。）

　　詹姆士・泰勒出生於一八三五年三月二十九日蘇格蘭北部金卡丁郡（Kincardine）一個叫做奧契布魯的村子，父親米歇爾是車匠，母親名叫瑪格麗特，兩人一共生了六個男孩。

　　泰勒九歲時母親就去世了，父親隨即再娶，但繼母並不像瑪格麗特是個溫柔、對孩子充滿愛的慈母，甚至就連他的父親也不再像過去那樣疼愛他了。因此，一直到十四歲為止的這五年時間，對泰勒而言是段寂寞且沒有夢想的日子。不過，泰勒天資聰穎，在村子裡的教會學校中成績非常優秀，因此十四歲便被學校受聘為助教，負責教其他孩子寫字及算數。

　　就在這個時候，泰勒的表哥彼得・諾爾（Peter Noir）回來了。諾爾六年前遠渡重洋到斯里蘭卡的咖啡園工作，這次回來也不斷慫恿要泰勒跟他一起去斯里蘭卡。沒有了母親、對父親和家園同樣感到失望的泰勒，面對諾爾的建議毫無眷戀地答應了。

　　一八五二年二月二十日，年僅十七歲的泰勒和其他數十名蘇格

泰勒的母親送給他的盤子。上頭有著享受紅茶的字句。

十七歲時遠渡重洋到斯里蘭卡的詹姆士‧泰勒。
被後人尊稱為「錫蘭紅茶之父」。

蘭人一起抵達了斯里蘭卡。他先在可倫坡待了幾天，之後便前往古都康提，以年薪一百英鎊的薪資在普萊德家族所經營的咖啡園裡工作。

這時候的斯里蘭卡尚未開始栽種紅茶，主要流行的作物是咖啡，是全世界少數的知名咖啡產地之一。

然而，後來當地卻發生了一件讓所有咖啡農家極度恐懼的事件——會造成咖啡樹枯竭的鏽斑真菌在島上蔓延了開來。不到幾年的時間，斯里蘭卡的咖啡樹全染上了這種疾病，而泰勒工作的農園當然也不例外。

一八六七年，泰勒三十二歲，農場主人普萊德早已離開人世，新的主人蓋文買來了阿薩姆種的紅茶種子和茶苗，交給泰勒要他栽種。泰勒對於種植植物有著極高的天分，當初咖啡樹全部染病枯死後，他成功改種起可做成治療熱病藥物的奎寧樹，因此受到眾人的愛戴。

農場主人交付給泰勒的，是距離康提數十公里外一塊名叫盧勒康德拉（Loolecondera）的險峻山坡地。於是，他帶領著二百名塔米爾勞工一起開始在這裡造路、挖土鑿出可供茶樹生長的土地，以大象搬運巨大岩石和大樹，在以人力將土地整平。

在這裡種下的茶苗，不到一年的時間就生長得很好，陡急斜坡的山區一眼望去全是綠油油的茶樹。一些茶葉關係者對此全都持半信半疑的態度，因為大家都知道，過去英國人也曾經在印度阿薩姆

以及南端距離錫蘭最近的尼爾吉里種植中國種的茶苗和種子，但十幾年嘗試栽種下來，結果全都以失敗收場。而泰勒竟然能如此輕易就成功種出茶樹，大家都認為這一定是上帝所賜予的力量、是上天的恩惠。

▒ 泰勒的紅茶

泰勒不只懂得如何栽種紅茶，對於製茶也發揮了他獨具的才能。他先是向印度北部的茶園農家學習製茶的技術，之後再加上自己獨創的方法不斷地進行實驗及改良。

他先是將採下的新鮮茶葉以日曬的方式進行萎凋，接著最重要的是揉捻。為了瞭解揉捻的力道強度與最後茶葉的關係，他分別以手掌或手腕甚至手肘來揉捻，以研究後續的發酵程度有何不同。發酵完的茶葉最後會放在黏土做成的爐灶上，視情況調整火力使其乾燥。

除此之外，他還針對揉捻機進行改良，想出以擠壓旋轉的方式來扭斷茶葉。他數度前往康提請求打鐵師傅幫忙協助調整機械，以達到他所要的效果。

最後他所生產出來的紅茶，在錫蘭的拍賣市場上賣得一磅一・五盧比的高價，屬於品質非常好的茶葉。這些紅茶隨即便運往英國，同樣也賣得高價。於是，詹姆士・泰勒的名字便在倫敦傳了開來。

泰勒是個身高一百八十公分、體重一百公斤、身形魁梧的男子，對瘦弱矮小的塔米爾人來說，都因為這股龐大的威嚴而懼怕他。也因為他的魁梧外形，使得沒有人敢直接跟他說話，於是他連蘇格蘭人之間的聚會也一概不出席。

　　一八九○年六月十三日，在一場錫蘭農家協會中，眾人針對成功栽育出紅茶一事決定頒發獎賞給泰勒。但席間沒有任何人知道泰勒究竟是什麼樣的一個人，只知道他個性怪異、低調。

　　隔年，倫敦送來一份銀製托盤、茶壺、牛奶壺、糖罐，以及一塊藍色布料和兩千八百六十二盧比的獎金，頒發給了泰勒。

　　泰勒婉拒了頒發典禮，他寫了一封信給協會，以不擅長公開演說為由希望能私底下接受就好。於是，就連這麼一個為了讚揚他的感謝場合，終究無法使他公開在世人面前露臉。但即便如此，當地的農家們仍然對他的偉大功績心給予贊許，因為過去曾經一度面臨倒閉的他們，完全是靠泰勒成功培植出紅茶才能重新振作繼續生計，因此對泰勒都抱著衷心的感謝。

　　一八九二年年初，盧勒康德拉農場主人向泰勒提出離職的要求，希望獲得獎金的他能引退休息。但泰勒主張自己身體還很健康、不需要休息，拒絕了退休的建議，他甚至認為農場主人是在逼他離開。

　　事實上，農場主人認為當時已經五十七歲的泰勒要繼續在山區工作實在很勉強，是時候該將工作交替給年輕一輩的人了。

不過對泰勒來說，要離開這個自己花費了一生時間付出的地方，幾乎等同於逼他走上絕路，是非常痛苦而傷心的決定。但後來，離開盧勒康德拉一事終究完成了事實。

一八九二年四月底，泰勒染上痢疾，兩天後的五月二日清晨病死在自己的小屋裡。他的死讓人措手不及，但他一直到臨終前都還掛念著紅茶，就連罹病的隔天都還針對採茶的數量及產茶量對工人們下達指示。

泰勒滿腦子都是紅茶，他沒有故鄉，也沒有家人，對他來說，茶園裡的工人就是自己生產優質紅茶的夥伴，也是自己唯一的家人。

泰勒死後被葬在康提的公墓，他的棺木十分龐大，需要由二十四名壯丁來交換搬運。生前身影孤獨的泰勒，告別式上跟隨在他棺木後的塔米爾人排成了一長排，人數非常多。大家無不對歌頌他的熱情和努力，並異口同聲地含淚表示：「泰勒是紅茶之父」。

如今的泰勒博物館正是以前的製茶廠，館內老舊的木造柱子、地板和牆上全沾附著新鮮茶葉與紅茶的氣味。泰勒生前的遺物所剩不多，吸菸的菸嘴、酒瓶、手杖……不曾結婚的泰勒，死後的遺物中讓人完全感受不到家人的存在。

唯一只有一枚九歲時去世的母親瑪格麗特送給他的盤子，這或許也預言了他後來畢生為紅茶奉獻的生活態度。「如果精靈們來家裡作客喝茶」，這行字句讓人印象深刻，無法忘懷。

因為，就在泰勒的母親去世的那一年，一八八四年，他出生的村子裡也開始興起一股喝紅茶的習慣。

▦ 英國紅茶家族——唐寧

想要瞭解英國東印度公司從國外帶回英國的紅茶是如何在本國廣泛流行並不斷發展，可以從與紅茶一路並肩走到今日的英國唐寧家族（TWININGS）的歷史窺見一斑。

創業三百零七年、如今紅茶出口至全世界九十六個國家的唐寧公司，現在是由家族第十代接班人史蒂芬‧唐寧（Steve Twining）主掌公司事務。

公司創始人是湯瑪斯‧唐寧（Thomas Twining），一六七五年出生於英格蘭西部格洛斯特郡（Gloucestershire）的佩恩斯威克（Painswick）。父親是紡織工廠的員工，在湯瑪斯出生時，當時紡織業不景氣，他對於繼續留在當地的生活感到憂心，於是在湯瑪斯九歲那年決定舉家搬到倫敦。

湯瑪斯是家裡的次子，他和哥哥丹尼爾一起在倫敦的一間紡織工廠擔任學徒，希望藉此有一天能獲得倫敦的自由市民權。結果一直等到他二十六歲時才終於取得，但此時的他受聘到東印度公司旗下的銷售公司工作，開始學起如何做生意。

他先在倫敦河岸街（Strand）的德佛羅法院（Devereux Court）裡開

了間「湯姆咖啡館」（Tom's coffee house），五年後的一七〇六年五月十九日，咖啡館正式脫離東印度公司旗下獨立經營，從此揭開真正的唐寧紅茶史。

在河岸街開店是個很好的選擇，因為倫敦在一六六六年經歷了一場大火之後，城裡的貴族和上流社會人全都轉往離倫敦近郊居住，包括河岸街、恩菲爾德（Enfield）、蘇活（Soho）、科芬園（Covent Garden）等地。

「湯姆咖啡館」一開始就聚集了許多攻讀法律或經濟的上流社會學生，以及律師、知名作家和詩人等，很早展現了生意繁榮的潛力。英國人給咖啡館服務生小費的習慣也是從這裡開始的，當時趕時間的客人會給服務生一點小費，以求盡快拿到咖啡。也有一種說法是，小費等同於承諾會盡快服務的意思，因此「TIP」（小費）便是「To Insure Promptness」的縮寫。

這個時期，東印度公司的紅茶進口量年年倍增，紅茶愈來愈受到大家歡迎。到了一七一七年，「湯姆咖啡館」由於名聲愈來愈大，店內已容納不下日益增加的客人，於是最後又另尋據點開了新店面。這次他以中國的金色獅子設計成「黃金獅」，作為新店的商標。

湯瑪斯厲害之處除了是紅茶製造商中規模最大的紅茶之王以外，另一點是至今還保留著當年店裡記帳用的帳簿。帳簿是從一七一二年開始記錄，在此之前並沒有帳簿，有的只是日記般的記載。帳簿編碼從A開始，現今仍保留的為B、C兩本，以及一七四二年至五八

唐寧的紅茶以英國皇室指定御用茶，創造了英國的紅茶史。

年的K和M兩本。

　　根據一七一五年至二〇年的B帳簿所記載，顧客人數約三百五十人，主要是教會、飯店經營者、貴族、地主、律師等，大多是支付現金。

　　一七二九年時顧客增加到九百多人，而當時店裡所販賣的商品主要是咖啡、紅酒、從錫蘭進口的亞力酒（棕櫚酒）、汽水，另外還有橘子和檸檬等、鮮奶油和奶油等乳製品，以及香菸和蠟燭等，種類相當豐富。

　　再觀察帳簿K和M，可以清楚發現當時營業狀態的狀態。

　　顧客人數一千四百四十六人，以上流社會人士居多，所提供的商品中需求量最大的便是紅茶。

　　一七三九年，一艘東印度公司的船隻威爾斯親王號（Prince of Wales）從中國運送貨品至英國，其貨品明細至今仍保留著，從中可看出當時湯瑪斯所販賣的商品內容。根據當時的船隻紀錄，船從中國廣東出發到抵達倫敦泰晤士河，總共需花費一百三十九天的時間。

　　載貨明細：

　　陶瓷器　　　四百三十二箱

　　絲綢　　　　一萬一千一百零七塊

　　鞋子　　　　兩百二十雙

　　布料　　　　九千五百三十塊

鋅、銅　　　一千一百九十八擔

紅茶（武夷茶、正山小種）、綠茶（熙春、松羅茶）合計

六千九百九十四擔（一擔等於六十‧五二公斤）

　　船上貨品最多的是紅茶，無論重量和空間都占了大半的船艙。紅茶只要遇到雨水或海水就會變成劣質品，價格也會跟著降低，因此負責管理船艙的人總是繃緊神經隨時注意狀況。

　　湯瑪斯在一七○八年與妻子瑪格麗特結婚，後來生了兩男兩女共四個小孩。不過，長子在五歲時就不幸夭折了，於是家族事業便由次子丹尼爾‧唐寧（Daniel Twining）承接。

　　湯瑪斯逝世於一七四一年五月十九日，正好是河岸街店面的三十五週年。與當年開店時同樣的五月十九日這一天，他卸下了唐寧事業第一代的任務。

　　湯瑪斯肖像是由知名畫家威廉‧賀加斯（William Hogarth）以油畫所繪製。我第一次和唐寧家族第九代接班人山繆‧唐寧（Samuel Twining，一九三三～）見面時，就在至今仍在營業的河岸街店面，當時店裡頭就掛著這幅湯瑪斯的肖像，今天也還可以在店裡看到。

　　一直到近期的二○一一年伊莉莎白女王登基六十週年，我和第十代接班人史蒂芬‧唐寧在六月時見了面。我們早在十八年前就透過山繆‧唐寧的引介變成了朋友，這次再見面，他那比我大上好幾倍的雙手緊緊握著我，滿臉笑容地迎接我的到來。跟我同行的還有

另外近二十個人，我們一夥人圍著史蒂芬，聽他聊著唐寧家族的歷史，以及英國的紅茶文化。

每次和唐寧家族的人見面，無論是過去第九代的山繆，或是如今第十代的史蒂芬，總會聽到他們如此說道。

「唐寧之所以能夠走到今天，靠的並不是家族能力，而是每一個支持唐寧紅茶的顧客。」

▓ 從難民變身紅茶之王的湯瑪士・立頓

除了湯瑪斯・唐寧之外，在十九世紀的紅茶史上還有另一位不能不提到的人物，那便是獲得「世界紅茶之王」榮譽的湯瑪士・立頓（Thomas Lipton）。

湯瑪士出生於一八五〇年五月十日、蘇格蘭的格拉斯哥（Glasgow），父母原本是愛爾蘭的農民，後來由於一八四〇年發生了愛爾蘭大饑荒，兩人於是逃往蘇格蘭成為難民。

在湯瑪士還小的時候，家裡十分貧窮，後來父母好不容易在鄉下地方開了間小雜貨店，賣起奶油、火腿、培根、雞蛋等，而湯瑪士也從小就在店裡幫忙。從那時候開始，他就展現了極富機智的能力，遇到蘇格蘭人就用蘇格蘭語和對方應答，如果來的是愛爾蘭人，他就改用愛爾蘭口音接待對方，使得大家都覺得備感親切而經常來光顧買東西。

到了十歲時，為了幫忙家計，他在文具店找到了一份工作，另外也在薪水較高的西裝店兼職。只要一有時間，他就會到港口看那些從國外來的船隻，夢想自己總有一天一定要到美國去。

而這個機會意外地很快就降臨了。在他十三歲那年，有一次他在港口發現了一艘準備開往紐約的船隻，於是便偷偷潛入船上，成功抵達紐約。

到了美國之後，他陸續換過了包括菸草園等好幾份工作，後來終於找到一份期盼已久、超市食品區賣場的工作，開始學起了進貨、銷售、待客及宣傳的技巧。這份工作對湯瑪士來說簡直就是如魚得水，他非常熱衷於此，因此晉升得非常快，如果就這麼一直做下去，最後應該可能成為公司的重要幹部。

不過就在剛滿十九歲時，他放棄工作，帶著辛苦存下來的五百美元回到了雙親苦守的格拉斯哥。

一八七一年五月十日，就在他二十一歲生日的這天，他用這筆錢在斯塔克大道開了一家自己的店「立頓」。店裡所賣的東西和他父母的店一樣，包括起司、火腿、培根、奶油、雞蛋，以及從愛爾蘭進貨的商品。店裡員工除了他自己以外，還有另一名幫忙的年輕人，以及一隻貓。

經過美國工作磨練的他開店的原則是「身體和廣告就是做生意的資本」，另外他還有一個信念，便是他最愛的母親教給他的「直接向生產者進貨」。

他以幽默的宣傳手法及便宜新鮮的商品打響了店的名號，還不斷開分店，直到一八八〇年就開了二十多間分店，員工也增加到了八百多人。

後來店裡不只賣食品，也開始擴展營業範圍賣起了紅茶。而這對當時來說完全是理所當然的轉變。

就連在紅茶的銷售方法上，他也大舉改變了當時大眾的消費習慣。在這之前紅茶都是到茶行秤斤論兩地賣，但他卻事先就將茶葉分裝成一磅到四分之一磅等不同重量的包裝，客人一來就能馬上買了就走，不需要等待秤重。

這樣的銷售方式既快速又乾淨，價格還相對便宜，而且他還在茶葉包裝上印上了自己的店名，使得「立頓」的名字很快地便流傳了開來。

他甚至還做了一項更貼心的舉動。由於水質會影響紅茶的味道及香氣，於是他根據各個地方不同的水質，將不同種類的紅茶混合調配，做成專為各地方居民設計的專屬紅茶。

這樣的紅茶讓大家感受到一種故鄉的歸依感，後來甚至變得完全不想喝立頓以外的紅茶了。

透過這股紅茶熱賣的風潮不斷擴大，湯瑪士察覺到一件身為一個商人不得不做的事，也就是實踐母親所給他的教訓——商品必須直接向生產者進貨。

於是，一八九〇年的夏天，他來到了當時的錫蘭。他親自深入

種植茶葉的山區，才僅僅幾個禮拜的時間，便決定投資十萬英磅以上的資金買下當地的茶園。他開始嘗試直接經營茶園，其中之一便是位於烏巴地區的汀巴天尼茶園（Dambatenne）。汀巴天尼茶園地處烏巴山脈南側，海拔一千四百至兩千兩百公尺，範圍有一千七百三十四英畝之大，十分廣闊。

　　他在茶園裡建造了一棟茶莊，最喜歡遠方可見的溪谷邊滿足地遠眺山林間的茶園。但他的個性並沒有讓他就此享受沉浸在這樣的滿意中，事實上，據說他在茶莊停留過夜的次數也只有幾次而已。

　　他投入大筆資金整頓茶園，以纜車將剛摘下的茶葉從山頂運往茶廠，就連茶廠裡也不斷引進最新機械設備，為的就是要生產品質優良的紅茶。最後，他如願生產出比任何地方都要來得低價，但衛生及品質卻十分良好的紅茶。

　　他的茶葉很快地引起市場反應，在一八九一年八月二十五日倫敦民辛巷（Mincing Lane）的一場茶葉拍賣會上，汀巴天尼的紅茶以一磅三十六‧一五英磅的價格成交，寫下了史上最高價的紀錄。

　　對此湯瑪士態度十分淡然，他說。

　　「這就和母親所說的一樣。」

　　愈是接近生產者，甚至是自己成為生產者，只有這樣，才能以最新鮮、便宜且快速的方法提供給消費者品質最好的商品。

　　當時他所提出來的宣傳口號，成為至今仍然通用的名言。

「從茶園直送茶壺的好茶」，
將紅茶茶葉的鮮度作為美味的廣告詞。

Direct From The Tea Garden To Tea Pot.

（從茶園直送茶壺的好茶）

湯瑪士終身未婚，有人曾問他為什麼不結婚，他這麼說。

「比起養老婆，立頓紅茶的價格遠遠便宜多了。」

這種玩笑話也只有愛爾蘭人才會說。但由此也可以看出立頓以最低價格提供最高品質茶葉的企業信念。

湯瑪士當年在汀巴天尼茶園裡所建造的茶莊至今仍然存在，吸引了許多人的造訪。從屋子裡會客室的大扇窗戶往外看是一大片扇形的英式花園，在花園的盡頭處，看得到瀰漫著綠色及紫色煙霧的遠方溪谷。

就在一百二十年前，湯瑪士正是坐在這個位置喝著紅茶，看著同樣的景色。「每天早上十點，這裡的山區會開始起霧，四周什麼也看不見，霧氣將茶葉完全包覆沾濕。但四十分鐘一過，大霧會一下子散開，天空放晴，強烈的日曬會緊接著將濕潤的茶葉曬乾。這種現象從幾十年前就是如此了。」茶廠的廠長說道。

這個只有生產者才知道、屬於烏巴這塊土地的祕密，相信當年湯瑪士一定也從當地茶農的口中聽說了。

▒ 下午茶的創始人——安娜瑪麗亞

三十年前的一九八六年，日本第一罐寶特瓶裝紅茶「午後的紅茶」問世，生產公司是日本飲料品牌麒麟。在「午後的紅茶」商品標籤上用的正是第七代貝德福公爵夫人安娜瑪麗亞（Anna Maria Stanhope，一七八三～一八五七年）的肖像。

被稱為「午後的紅茶」的下午茶，以英國茶會的形式流傳至今，更代表著過去傳統的傳承與延續。

而下午茶的最早起源，正是位於倫敦北方一百公里貝德福德郡（Bedfordshire）、擁有四百年歷史的貝德福公爵宅邸沃本莊園（Woburn Abbey）。創始者是安娜瑪麗亞。

安娜瑪麗亞原本是倫敦白金漢宮的侍女，後來嫁給了貝德福公爵，搬到沃本莊園。一八四〇年時，她開始利用每天下午的時間喝起紅茶，成為下午茶的起源。

當時的貴族階級流行英式早餐，早餐吃得很豐盛，中午則會外出野餐，只有簡單吃點麵包、肉乾、起司和水果等。

另一方面，兼具社交意味的晚餐則通常會在音樂會或舞台劇結束之後才進行，到了十九世紀時間甚至愈拖愈晚，真正開始晚餐都已經超過晚上八點了。因此，從午餐到晚餐這段長時間的餓肚子便成了一種煎熬。

於是，安娜瑪麗亞為了止餓，便開始在下午三點至五點之間吃

下午茶的創始者，第七代貝德福公爵夫人安娜瑪麗亞。

些三明治或餅乾之類的點心，並搭配著紅茶一起喝。如果家裡有訪客，她也會將客人引至屋子裡一間藍白色調、名為「藍室」（The Blue Drawing Room）的會客室中，端出紅茶和食物招待。這種方式後來在貴婦之間相當受到好評，慢慢地，「藍室」便成為當時知名的午後女士社交場所。

二〇〇〇年五月，我有幸見到了如今仍住在沃本莊園裡的第十四代的羅賓・塔夫史塔克公爵（Robin Tavistock）。其實原本預計要見到的是公爵夫人，但她臨時必須前往倫敦接見客人，於是便改由公爵來接待我。

這對我來說是簡直是夢想成真，十分幸福。不過當時由於公爵身患重病，所以我也只得到了二十分鐘的會客時間。

塔夫史塔克公爵身形相當魁梧，身高約有一百八十公分，中等身材，氣色看起來還不錯，藏在眼鏡底下的雙眼有著溫和的笑容，實在看不出身體哪裡有狀況。不過他的左手背上貼著OK繃，猜想應該是點滴的痕跡吧。

「很抱歉，我妻子臨時有事。改由我來接待可以嗎？」

這不經意的玩笑讓人更加感受到他的親切。

一百七十幾年前由安娜瑪麗亞所帶動興起的下午茶風潮，如今傳到了全世界，成了紅茶文化中的一環。而安娜瑪麗亞的肖像也成了日本寶特瓶紅茶上的商標。對於這樣的一位祖先，我對塔夫史塔克公爵的想法感到十分好奇。對此，他告訴我：

「十九世紀中期時，社會上吹起一股非常大的中國風潮，當時我們家裡也收藏了許多中國的東西，包括茶壺和茶碗等。其中安娜瑪麗亞尤其對中國的紅茶特別感興趣，這應該是因為她之前在王宮服務，一定是在那時候接觸到了這股流行的最前端吧。」

的確，安娜瑪麗亞研發出下午茶形式的時候，正好是從中國福建進口的紅茶與英國人自己種的阿薩姆紅茶兩者廣泛蔓延、開始相互較勁的時候。

這股下午茶的習慣後來也普及至一般民眾，到了一八四八年，一本專為婦女設計的家庭雜誌《家庭經濟學人》（*Family Economist*）就曾經針對美味紅茶的沖泡方法提出了幾點注意事項，成為如今仍然通用的原則。

對英國女性來說，沖泡一杯好喝的紅茶招待客人是她們的義務，甚至不僅紅茶要好喝，維持一家開心和樂，更是身為女性的責任。因此在英國，如今仍流傳著這樣的一句話。

「女生只要會泡茶就可以嫁人了。」

塔夫史塔克公爵因為重病在身無法站立太久，但他仍不顧一旁管家的提醒，一一緩慢地跟我們握手聊天，還跟我們一一各別拍了合照。

最後他告訴我們：「我聽我妻子說她在莊園裡的飯店為各位準備了下午茶，請原諒我無法陪同，但東西都已經準備好了，就請各位慢慢享用。」說完他便離去。

三年後，塔夫史塔克公爵離開了人世。而莊園如今則由他的兒子安德魯公爵繼承第十五代的位置。

▒ 第一位喝紅茶的日本人——大黑屋光太夫

日本第一個開始品味紅茶的人是在伊勢擔任貨船的船長大黑屋光太夫（一七五一～一八二八年）。

一七八二年（天明二年）十二月九日，一艘當時被稱為「弁才船」的單帆型日本貨船神昌丸號載運著紀州藩御用稻米，從白子港（現今三重縣鈴鹿市白子）一路往江戶起航。

當時神昌丸號上除了船長光太夫之外還有十六名船員，船起航後隨即遇到天候惡化，碰上了非常強烈的海上暴風，將風帆及船舵吹散，船於是只能在海上隨浪漂流。經過了八個多月的漂流，最後船在現今阿留申群島（Aleutian）中的阿姆奇特卡島（Amchitka Island）上岸。光太夫於是在島上停留了五年，後來才搭著與俄羅斯人共同建造的船來到堪察加半島（Kamchatka）。

如今還留存著一份一七八七年八月的文獻，上頭記載著當天光太夫受邀到堪察加半島司令官奧雷亞尼可夫少校家裡用餐時俄羅斯人所做的料理。

麵粉做成的丸子（麵包）要用手撕開來吃，錫製大碗中有著白酒般的液體，喝的時候以湯匙舀著喝，味道很甜，十分好喝。後來據

做料理的人說那是牛奶。另外還有一塊粉紅色中帶著淡淡黃褐色的塊狀物（起司），聽說是牛奶凝固做成的東西，但因為聞起來味道令人作嘔，在場的船組員中沒有任何人想嘗試。

這是光太夫第一次見到牛奶和起司等日本所沒有的乳製品。

後來，船組員相繼死亡，最後只剩下光太夫在內的三人。由於實在很想在有生之年回到故鄉日本，於是三人橫渡西伯利亞，以馬橇走過了兩千五百公里以上的雪原，途中來到伊爾庫茲克（Irkutsk）。之後又為了要晉見當時的俄國女皇凱薩琳二世（Catherine II，一七二九～一七九六年），向她表明歸國的心願，又展開了以當時帝俄首都聖彼得堡（St. Petersburg）為目的地、總長五千八百公里的生死之旅。

一七九一年二月十九日，光太夫三人終於抵達聖彼得堡。到了五月二十八日，他被允許晉見凱薩琳二世，當時凱薩琳二世已經六十二歲了。這個日期是光太夫以農曆記載，正確的日期應該是六月二十八日。

光太夫向凱薩琳二世表明了歸國的心願，之後又好幾次入宮晉見，向凱薩琳二世說明日本的國情與生活、文化等。終於，凱薩琳二世於九月二十九日召見光太夫，下令允許他們三人返回日本。

在光太夫準備返國的那一天，收到許多貴族和商人所贈送的餞別禮，包括狐皮的頭巾、英國製的白布、銅版畫、砂糖、紅茶、玻璃有蓋容器與杯子、顯微鏡等。

大黑屋光太夫在遇難後經過十年的歲月，最後終於回到了日本。

據記載，在他所收到的餞別禮中可以看見紅茶的身影。在當時的俄羅斯，紅茶仍屬於貴重品，是有錢人階段中的奢侈品。而牛奶和起司則是日常生活中常見的東西，因此才會選擇在紅茶中加入牛奶和砂糖。

最重要的是，受到凱薩琳二世數度召見的光太夫從當時女皇所擺設出來的宴席中，發現到俄羅斯人用餐或茶點時間時喝紅茶的習慣。

不過遺憾的是，在他的紀錄中並沒有留下當時喝紅茶時的情況與場面。

Chapter

紅茶產地、茶園與茶廠

斯里蘭卡的紅茶產地

巴士爬上蜿蜒的山路，路徑旁種著密密麻麻與巴士窗戶差不多高的紅茶茶樹，手伸出去幾乎快要能碰到葉子。往另一邊窗戶看去，是深得令人背脊發涼的溪谷，而就在那一旦跌落非死即傷的陡峭斜坡上，仍舊種滿了茶樹。

茶樹底下是紅土，一經下雨，土壤隨著雨水蔓延至道路上，將整條路染成了美麗的紅色，蜿蜒在綠色茶樹中紅色道路，看起來就像血管一樣。

斯里蘭卡島嶼外形就像一棵木瓜，或者也可說是像橄欖球的形狀。若將島嶼橫向分成四等份，最下面的一塊便是紅茶栽種區。剩下的四分之三國土則幾乎全是叢林或樹木稀少的大草原，完全沒有高山或山脈，不適合生長在山區地形的茶樹栽種。

而就在這西南部的中央地帶，有座海拔兩千多公尺的高山，面向印度洋一側的地區以及朝向孟加拉灣的山區地帶，是一整片廣闊的紅茶茶園。

這片茶園又分為六大紅茶產地，各自擁有廣大面積，每個產區隨著海拔高低不同，分別種出了味道、香氣及茶色各具特色的紅茶。舉例來說，無論任何植物，在平地栽種與山區栽種所呈現的香氣絕對大不相同。茶葉也是一樣，低海拔與高海拔所種出來的茶，澀味濃淡、香氣，甚至連茶色也完全不同。於是，一般會以海拔每六百

公尺為一個區分，以此來分類每一個區塊所種出來的紅茶特徵。

　　海拔六百公尺以下所栽種出來的稱為低海拔茶（Low Grown Tea），六百至一千兩百公尺的稱為中海拔茶（Middle Grown Tea），一千兩百至一千八百公尺則稱為高海拔茶（High Grown Tea）。

　　低海拔茶知名的有薩巴拉加穆瓦省（Sabaragamuwa）所種出來的盧哈娜。由於這裡屬於低海拔，因此茶園裡除了茶樹以外還有木瓜、香蕉、椰子等作物，是片讓人誤以為是叢林的綠色茶園。這裡氣溫高，濕度也高，相當悶熱，茶葉生長良好，葉形較大，中間嫩芽的部分甚至能長到二至三公分。以這嫩芽部分製成銀色毫尖（Sliver Tip）及黃金毫尖（Golden Tip），價格十分昂貴。

　　海拔稍微高一點、但同樣屬於低海拔茶的還有康提地區的紅茶。古都康提位於中央省（Central Province），氣候穩定，顯少受到繼季風影響，所生產的紅茶味道與香氣正統，茶色透明度高，錫蘭紅茶的基本特色大多來自於此。

　　中海拔地區的茶園大多分部在西北部，以汀普拉地區為主要代表。在這裡有個名叫汀普拉的小村莊，也就是汀普拉紅茶的發源地。汀普拉位處面向印度洋的山區，每年一、二月來自孟加拉灣的季風越過山脈吹來乾冷空氣，使得這裡種出品質良好、個性強烈的紅茶。

　　高海拔茶英文為「High Grown Tea」，「high」容易讓人誤以為是高級、高價、優質的意思，但其實在這裡單純用來表示高地，與茶葉的品質並沒有任何關係。不過，高山也代表氣溫變化較大，受到霧

氣、小雨、強風及冷風的影響，會使得紅茶具備強烈的香氣與澀味，成為三大要素表現強烈的茶葉。

高海拔茶以努沃勒埃利耶為代表，產地海拔最高可到一千八百五十公尺。相同高度的還有烏達普塞拉瓦地區，兩者正好分別位處山區左右兩側，這兩個地方最早受到來自印度洋與孟加拉灣的季風影響，因此能種出品茗季節的優質紅茶。

同樣屬於高海拔地區、世界三大茗茶之一的烏巴則位於面向孟加拉灣的山區。七、八月時來自印度洋的季風會順著山脈吹向烏巴，這股又乾又冷的風會替茶葉帶來獨特而強烈的清爽氣味，同時有著強烈的澀味，成就出價格昂貴的品茗季節烏巴紅茶。

以上六大產區共計有約六百處茶園，每個茶園以茶廠為中心構成村落般的組織，茶園裡的員工就住在園區裡，而茶廠廠長身分就猶如村長，裡頭設施有學校、診所、寺院、集會場所等，甚至還會舉辦運動會和祭典。

員工人數約為三百至一千人，依照茶園大小而異。小孩子一早就會到茶園裡的學校上課，制服及課本全都是免費。不過在這裡，五歲就必須就讀一年級，而險峻的山路對這個年紀的孩子來說其實非常危險。再加上學校七點半就開始上課，有的孩子甚至六點半天才剛亮，就必須拿著火把走上兩、三公里的昏暗山路去上學。

對五歲的孩子來說，這樣的路途實在太辛苦了，根本走不到，因此有些孩子半途就會跑去玩，沒到學校上課。但即便如此，父母

茶園裡的孩子們。在這裡，五歲開始就得就讀一年級。
雖然大多是塔米爾人，也必須學習僧伽羅文和英語。

們還是會要孩子們穿上白色襪子上學去。

每個星期六早上是發薪日，可以拿到一個禮拜的薪水。這時候茶廠外便會大排長龍，人人都等著領裝在信封袋裡的薪水。道路一旁就是市場，食品、生活雜貨用品、衣服、餅乾琳瑯滿目。其中賣襪子的店家尤其熱鬧，擠滿了來替孩子買白色襪子的媽媽們。

有個媽媽笑著跟我說：「採茶時想著孩子正在學校裡讀書，就是我最幸福的事了。」紅土路旁黃色波斯菊如路標般綻放著，這些在茶園裡工作的媽媽們，每天就是在這裡目送著孩子走向求學的道路。

▓ 採茶人的喝茶時光

康卡尼（Kangany），這個陌生的名詞，指的是負責監督採茶人工作的工頭，主要由男性來擔任。所有採茶人都必須遵從工頭的指示，一早就點就到採茶的地點集合。

從家裡到採園，遠一點的都有四、五公里以上的距離，再加上山路，有時得花上一個多小時的路程才能抵達。一些身兼主婦的採茶人在忙完家事、安頓好孩子之後急忙出門，最後卻遲到四、五分鐘。然而，工頭的管理卻十分嚴格，只要遲到就不能採茶。

「妳遲到了，回去吧。」

「才幾分鐘而已，讓我做啦。」

「不行不行，妳今天不能採茶了。」

經過雙方你來我往的激烈爭辯，最後，有些人雖然不甘心，但也只能放棄回家。但也有人會強行進入茶園採茶，一闖進茶園後便立刻展開笑顏，和其他採茶人相覷而笑。

我曾問過工頭為什麼不能容許遲到，對方告訴我。

「採茶是製茶中最重要的一環，如果這麼隨便，就做不出好的紅茶了。一旦有人遲到或無故缺席，就無法完成原本預計採完的地區或分量，所以紀律非常重要。」

雖然他這麼說，但我還是覺得連幾分鐘的遲到都不允許，難免太過嚴格了。我是站在採茶人這一邊的，因為工頭平時都只是拿著鐮刀、打著洋傘，從高點監督著採茶人的工作罷了。真正以雙手拚命採茶的，都是採茶人。

採茶人工作時會拿著一根約兩公尺的長棍，乍看之下很像拐杖，但作為拐杖又太細了，無法支撐。其實這是採茶人在採茶時會將棍子平放在眼前的茶樹上，用來標示採收的範圍。

茶葉的摘法非常重要，必須採下一芯二葉或三葉。一芯二葉指的是茶梗最上方的嫩芽，以及嫩芽以下的兩片嫩葉，整個採下來長度約為八至十公分。或者是長一點到十四、十五公分，則會包含另一片較大的葉子，稱為一芯三葉。

一芯三葉中最下方較大的葉子又稱為「母葉」（mother leaf），這是因為這片葉子與茶梗的接合處會有個五、六公釐、剛冒出來的嫩芽，看起來很像葉子保護著嫩芽，於是有了「母葉」的說法。

茶葉的摘法

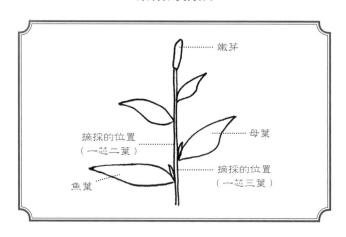

- 嫩芽
- 母葉
- 摘採的位置（一芯二葉）
- 摘採的位置（一芯三葉）
- 魚葉

好的摘採方法	一芯二葉

從靠近嫩芽的地方採下

不好的摘採方法	一芯三葉

嫩芽上方留下太長的茶梗

摘下母葉之後，剩下的就是另一片較長、較大的葉子，由於外形類似魚的形狀，因此稱為「魚葉」（fish leaf）。魚葉旁也有一個嫩芽，從接近嫩芽的地方摘除，原本供茶梗生長的養分便會完全轉而送往這株小嫩芽，使得嫩芽順利生長，因此在斯里蘭卡，差不多每間隔二十天左右就能再進行第二回的採收。

但如果留下太多茶梗，養分便會從茶梗的切面流失，嫩芽無法獲得充足養分，就會長得不好，必須花上三十至四十天、比平常多上一倍的時間才能採收，而且所採收下來的茶菁也會因為養分不足影響到風味。

更奇妙的是，這種採收方法也會使得整棵茶樹變得更容易生病，壽命變得更短。

因此，採茶人的手勢十分重要，隨著採收的方法不同，紅茶會變得更好喝，也能延長茶樹的壽命，使得新芽和新茶生長良好，增加產量。除此之外，採茶人在採茶時也會同時將生長不良的茶莖、茶梗及葉子摘除，也就是所謂的修整。

採下來的茶菁會放到身後所揹的籠子或塑膠袋裡，直到裝滿為止。裝滿茶菁的籠子約有七、八公斤重，每天必須摘上好幾籠，最少一天至少要採收二十公斤的茶菁，否則會招來工頭的抱怨。

茶園裡總是聽得到採茶人們的歌聲及洪亮的笑聲，還會混合著工頭的指示聲。每天從早上九點開始工作，大約經過兩個小時後會稍微休息片刻，發配溫紅茶給大家喝。午餐則是大家各自從家裡帶

來的便當，大多是用香蕉葉包裹的咖哩，還有就是紅茶。到了下午三點還會再發配一次紅茶，另外還有加了椰奶的白咖哩，或者是用椰子花蜜熬煮成的、名叫「jaggery」的黑砂糖，讓大家可以配著紅茶一起吃。

負責泡紅茶的也是採茶人，大家每天會從團體中選出一人，被選到的那個人當天就不必採茶，只負責泡茶的工作，當天薪水則由大家每個人拿出一點錢來共同支付。

茶園裡的喝茶時間總是有著愉快的氣氛，只要時間一到，大家紛紛急忙從斜坡上趕下來，各自端著自己的容器倒茶來喝，有人用便當盒的蓋子，也有人會用塑膠杯或鋁杯。

這時候，工頭也會親自倒茶端給還在茶園裡工作的採茶人飲用。

這群採茶人面對我的相機鏡頭大家都很害羞，但一到喝茶時間，卻主動笑著端茶給我喝。

「怎麼辦，該喝嗎……」雖然在衛生考量下有點猶豫，但看到他們滿臉笑容，我只好戒慎恐懼地像鳥嘴一樣嘟起嘴唇、輕輕地啜吸了一小口。

「好喝！」

聽到我這麼說，明明不懂日文的大家全笑了起來。後來他們又端了椰奶咖哩給我，我抓著用紙包著的黑砂糖，搭配著紅茶吃了起來。這是我和採茶人的喝茶時光。

忽然間，霧氣從山頂端飄了下來，氣溫一下子驟降，不一會兒

採茶人的喝茶時間。
以輪流的方式選出負責泡茶的人，讓大家可以在休息時間喝上一杯茶。

時間整片茶園已經白霧一片，遮去了身著紅色、黃色或紫色紗麗的採茶人身影。

　　結束了短暫幾十分鐘的寶貴喝茶時間，大家又鑽進位於陡急斜坡上的茶園裡採茶了。我手上的塑膠杯也因為濃霧而沾上了濕氣。

▨ 深夜運作的茶廠

　　斯里蘭卡的茶廠幾乎都是同樣的建築構造，刷滿白漆的四層樓木造建築，就像早些時候的日本學校。

　　在四層樓當中，二樓到四樓是茶菁進行萎凋的乾燥室。由於採收下來的茶菁需要經過揉捻這道手續，因此為了讓揉捻進行得更順利，會將茶菁乾燥去除約一半的水分，也就是所謂的萎凋。

　　將茶菁倒入高一・二公尺、寬三公尺、長三十公尺左右、鋪著鐵絲網的萎凋槽，茶菁堆放的高度約三十公分，接著再以直徑約兩公尺的巨大風扇向著茶菁吹送溫風或涼風，使茶菁慢慢乾燥。

　　至於要吹溫風還是冷風，得根據天候來判斷。被雨水或霧氣沾濕的茶菁必須吹以溫風，如果是乾燥期水分含量不多的茶菁，就要以冷涼風來乾燥。

　　在製茶過程中，這種靜置的萎凋作業事實上非常重要，幾乎可以左右最後茶葉的品質好壞，萎凋後茶葉所剩的水分比例也會影響到後續發酵作用的強弱，以及最後茶葉的味道、香氣及茶色。

萎凋槽中會設有溫度計和濕度計，但廠長還是會隨時確認茶葉萎凋的狀態。確認的方法是兩手緊抓一團茶菁，放開後觀察球狀茶團慢慢舒展鬆開的速度快慢及狀態。

萎凋時間會隨著茶菁狀態有所不同，差不多是十至十二、三小時。換言之，早上採收的茶菁運至茶廠後，經過十二、三個小時的萎凋，必須等到深夜一、兩點才能開始作業。

接下來，去除一半水分的茶菁會被放上揉捻機中加壓進行揉捻。揉捻機外形是個像手掌一樣凹凸不平的圓盤，上頭有著波浪形狀的刀刃，將茶葉放在上面施以壓力，揉捻切碎，破壞葉子的纖維，最後成為大大小小的茶塊。以手觸摸這些茶塊會感受到像人體一樣微微的溫熱，還有著葉子強烈的青綠氣味。

經過揉捻過後的茶塊接著會放入另一台機械裡，透過振動將茶葉分篩。在斯里蘭卡，會將這分散後的茶葉進一步加工成更細碎的形狀，因此會將茶葉再放到一台類似壓絞肉機、名叫「洛托凡」（rotorvane）的螺旋壓榨機中，細切成約二、三公釐的細碎BOP類茶葉。

螺旋壓榨機所切出來的茶葉會再透過好幾層的網篩分篩成散狀，接著鋪放在白色瓷磚的檯面上，厚度約十公分，再以天花板的噴霧器噴水進行發酵。才經過幾十分鐘，原本深綠色的茶葉就會轉變為焦茶色。

到了這個階段，紅茶的風味及色調差不多都已經完成了。發酵

的環境必須控制在濕度百分之八十、溫度二十三至二十五度之間。廠長會根據茶樹生長的茶園狀況不同來決定發酵時間長短，但大概都會進行三十至一百二十分鐘左右。

轉變為茶色的茶葉摸起來微溫，有著綠葉的香氣和花朵的甜蜜香氣，還有一股熱帶水果的香醇風味。這時候必須再放入乾燥機阻止繼續發酵，避免茶葉又再度潮濕。

乾燥機採輸送帶形式，茶葉會在九十五至九十八度的烤箱中緩慢移動乾燥約二十至二十五分鐘，最後茶葉的含水量必須控制在百分之二至三左右，如此才算完成。

最後一個步驟又稱為分類（sorting）或分級（grading），將茶葉放在網洞大小不一的分篩機中分類成形狀同樣大小的等級。

茶廠中還有一個最重要的房間，也就是鑑定紅茶的品茶室。廠長會針對剛完成的紅茶立刻做鑑定，與昨天或前天生產的茶葉互相比較，以便調整下一批紅茶的發酵時間、揉捻時間或加壓強度等。

這一連串從茶菁到茶葉的過程雖然都已經機械化，但每一個環節仍然都必須靠著人的經驗與感覺來決定，這樣的作業方式讓人感受到一股猶如釀酒師的熱情與溫度。

▨ 茶葉中心的巧克力蛋糕

第一次吃到那種蛋糕，應該是二十七、八年前了吧，後來每次

去斯里蘭卡我一定都會再去買來吃。

從康提往努沃勒埃利耶方向開車約三個小時，在海拔一千五百公尺有個名叫「馬克伍茲拉波里爾」（Mackwoods Labookellie）的地方，是努沃勒埃利耶的第一座茶園和製茶廠。道路旁就是製茶廠，人車通行都很方便，經過三個多小時的疲憊車程，這裡正好是個休憩的最佳場所。

來到這裡的觀光客非常多，因此利用這個優勢，很早之前就建造了一棟奴娃拉伊利雅茶葉中心（Mackwoods Labookellie Tea Centre），裡頭除了販賣紅茶之外，也提供客人在這裡喝茶休息。

這個茶葉中心是棟簡單的建築，簡略的設計說不上漂亮，但這裡的紅茶卻十分新鮮，讓人體會到原來這就是努沃勒埃利耶紅茶的美味，而且還是製茶廠剛完成的茶葉，味道令人折服。和外面咖啡店或飯店裡所喝到的紅茶完全不同，這裡的紅茶不僅新鮮，而且澀味溫潤，有著一股融合了山竹與青蘋果的香甜氣味。

這裡還有一個令人更加讚嘆的東西，那就是剛烤好的巧克力蛋糕。蛋糕長五公分、寬六公分、厚度約七、八公分，蛋糕體有著許多小洞，感覺很蓬鬆，壓下去似乎還會回彈。蛋糕表面淋了一層厚厚的巧克力醬，使得整塊蛋糕閃耀著咖啡色澤。

吃上一口，巧克力醬先是在舌尖融散開來，接著帶點苦味、口感鬆軟的蛋糕隨即在口中散開，就在滿口巧克力香時再喝上一口紅茶，不分男女，全都會為這蛋糕的美味而不禁感到驚嘆。

吃著蛋糕，喝著紅茶，望向窗外數百公尺外滿布茶樹的山地、溪谷，遠山飄來的風帶著淡淡的涼意，旅途的疲憊頓時隨風飄散。

負責製作這個巧克力蛋糕的是一位名叫克麗絲汀的女性，我和她早在二十幾年前就已經認識了。她過去是個採茶人，後來從最開始製作這個巧克力蛋糕的廠長夫人那邊學會了食譜和作法，於是便成了中心裡的蛋糕師傅。

克麗絲汀家裡有五個兄弟姊妹，身為長女的她在十五歲時母親去逝之後便擔起了養育弟妹的責任外出工作，也因為如此至今仍單身未婚。

雖然她從不多說，但辛苦可想而知，即便如此，她一雙圓滾滾的眼珠也總是泛著微笑。每次一見到我總會興奮地給我一個擁抱，實在讓我有點不好意思。不過，一開始其實並非如此。

當年我送文具來給茶園裡的學校時，她以翻譯的身分隨行一旁。小學一、二年級的孩童年紀都還很小，每個人都興奮地睜大著雙眼迎接我，為我戴上自己編的花圈，又是跳舞又是唱歌地謝謝我，還講了一段好不容易苦背下來的謝辭。

我一一握緊眼前數十隻冰冷涼的小手，就連與我同行的導遊看了也不禁感動而紅了眼眶。

在回程的巴士上，克麗絲汀跟我說了一段話。

「茶園裡的孩子雖然貧苦，但大家都很孝順，也很愛護自己的兄弟姊妹，個性都很好。我雖然一直以來都扛起母親的責任照顧著弟

妹，但如今他們也都長大，各自擁有工作了。而磯淵先生你也總是很善良地為我們做了很多好事。」

聽完這段話，我緊緊握住她的手，斗大的淚珠從她眼眶滑落。從那次之後，她就一直把我視為是自己的兄長，所以才會每次看到我都給我一個擁抱。

以下就特地為大家介紹克麗絲汀的巧克力蛋糕。

🍃 材料

低筋麵粉……五百公克

可可粉……一百公克

砂糖……五百公克

有鹽奶油……五百公克

泡打粉……二十五公克

蛋……十顆

巧克力糖漿……適量

🍃 作法

① 將軟化的奶油放入碗中，加入砂糖攪拌均勻。

② 將蛋打散，倒入①的碗中混合均勻。

③ 低筋麵粉、可可粉、泡打粉一起過篩備用。

④ 將③的粉類拌入①的碗中。

⑤　將烤盤外層包覆一層鋁箔紙，內側抹上奶油。

⑥　將麵糊倒入烤盤中。

⑦　放入烤箱以一百八十度烤二十分鐘。

⑧　烤完後從烤箱中取出靜置三十分鐘後再切塊，最後將巧克力糖漿淋在表面上。

▨ 印度阿薩姆的茶園

從巴士窗外看過去的茶園一片平坦，整齊劃一的遮蔭樹從眼前的大樹向著遠方如指尖般的小樹一路延伸而去。

車子開了兩、三個小時，沿路都是茶園，讓人彷彿乘著小船飄浮在大海中，舒服得漸漸進入夢鄉。車子搖晃驚嚇醒來，四周仍然是一望無際的茶園。

雖然我早已經知道阿薩姆的茶園面積十分廣大，但怎麼也沒想到會是如此遼闊無邊。對此導遊解釋，在這裡，茶園與茶園之間會緊臨在一起，前一個茶園才剛結束，緊接著便是另一個茶園的開始，這前後左右緊緊相依的結果，便形成眼前這般一望無際的景象。

待在巴士上因為有冷氣，感覺涼爽，當我們發現路邊有一群採茶人、準備下車拍照時，一出車子才知道外頭氣溫悶熱得令人受不了。溫度約三十六、七度，濕度則差不多是百分之七、八十吧，才一會兒時間，臉上的墨鏡已經矇上了一層霧氣，相機鏡頭也必須一

直擦拭才有辦法拍照。不過才剛下車四、五分鐘，額頭上就已經滴下汗珠了。

採茶人們以繩子將直徑五十公分、長七、八十公分的竹簍揹掛在頭上，用來盛裝採收下來的茶菁。除此之外，頭上還戴著直徑快一公尺寬的竹製斗笠，有的則是將洋傘綁在頭上，各自想辦法遮蔽陽光。

採茶人身上穿的是印度傳統紗麗，粉色、綠色、黃色、紅色的布料上有著碩大的花繪圖案或鳥兒圖騰，為一片葉綠的茶園添增了熱鬧的色彩。

阿薩姆茶葉外形很大，幾乎等同於孩童的手掌大小。只見採茶人才一會兒工夫兩手就抓滿茶菁，背上的茶簍很快就滿了。在這裡，每人一天可以採上四十至五十公斤的茶菁，採收方式以一芯二葉或三葉為主，母葉所包覆的嫩芽短短一個禮拜就能生長完成，不得不再進行下一次的採收。

一名男子拿著一個桶子過來，向採茶人大聲吆喝，大家立刻停下手邊動作趕到男子身旁，各自以大馬克杯倒起桶子裡的飲品來喝。我以為桶子裡裝的是紅茶，結果只是白開水，雖然有著淡淡的顏色，但據說的確只是水而已。

一旁倒臥在茶園小徑上的牛隻也緩緩起身走了過來，卻沒有任何人留意到，大家只是專心地喝著杯子裡的水。往四周一看，連小狗和山羊也在茶園間遊蕩。

一到傍晚，四處開始秤量茶菁，是採茶人最高興的時間了。大家各自在隨身攜帶的小本子上記下當天所採收的重量，幾天後就能依照重量換取薪水。

習慣這種酷熱天氣的採茶人們，額頭和鼻尖仍閃亮著汗水，工作一結束就急忙趕回家。明天，又是另一個採茶日。

四周飄散著茶菁的悶熱暑氣，就連身上的T恤也染上了淡淡的熱暑。抬頭遠望，太陽漸漸沉入綠色的水平線下，鮮綠的茶葉鋪上一層金光。少了人氣的茶園有股靜謐的美麗，卻總是顯得寂寞，就像沒有魚兒的大海。有採茶人喧嘩的笑聲與歌聲，才能看見茶園活潑的生命力。

▦ 阿薩姆的巨大茶廠

以完整葉子的茶菁來製茶，稱為傳統製法（orthodox）。阿薩姆茶正是傳統製法的始祖，所生產出來的茶葉形狀較大，長約二至三公分，稱為FOP類型（Flowery Orange Pekoe，花橙白毫）。這種茶葉含有許多金色嫩芽，這些嫩芽會釋放出溫和的甜味，可以緩和茶葉濃厚而強烈的澀味。

不過，現今紅茶的製法已經有了很大的轉變，從以前的傳統製法變成了CTC製法。如今在阿薩姆約兩百五十個茶廠當中，就有將近九成以上都是採用CTC製法。

將洋傘插在頭上或背
上用來遮陽。天氣實
在太熱，必須一直補
充水分攝取。

採收下來的茶菁要先經過十二至
十五個小時的萎凋，以去除約一半
的含水量。

揉捻機。
用來揉捻經過萎凋作業後的茶菁。

C.T.C揉捻機。
茶菁在經過C.T.C揉捻機後會變成顆粒狀的茶葉。

一九三〇年代，麥克爾徹（W. Mckercher）發明了新型的揉捻機，後來到了一九五〇年又以這種揉捻機為基礎研究出 C. T. C 揉捻機。C. T. C 指的是「Crush（碾碎）、Tear（撕裂）、Curl（揉捲）」，而 C.T.C 揉捻機便是結合了這些一貫作業，放入茶菁後最後會跑出成形的茶葉。

先將剛摘下的茶菁進行萎凋，接著放入螺旋壓榨機中切成細碎，再放到輸送帶上送往裝設有兩個不鏽鋼滾筒的方槽中。滾筒直徑二十公分、長約一公尺，表面布滿細小的刃狀溝槽，運轉時兩個滾筒會上下滾動，茶葉會被捲進兩個滾筒之間，透過滾筒的上下運動碾碎茶葉，並將茶葉揉捻成圓粒狀，最後成了顆粒狀的茶葉。

C.T.C 揉捻機的運作通常好幾台同時進行，從放入茶菁到完成茶葉會經過好幾道的滾筒揉捻，有的長度甚至長達二十公尺。

揉捻出來的顆粒狀茶葉大小約一至二毫克，接著會將這些茶葉放入大型的圓滾筒中，緩慢轉動使其進行發酵作用。除此之外另一種方式是舊式的作法，將茶葉鋪在廣大的瓷磚平板上進行發酵，最後再放入乾燥機中乾燥，如此就算完成 CTC 加工茶。

C.T.C 製法比起傳統製法要來得快速，而且不需花費人力。再加上無論是一芯二葉或一芯三葉，都不需要事先去除茶梗和茶莖，而是將茶葉連同茶梗一起放進機械裡加工，收益率好，生產效率也比較好。

C.T.C 加工法的茶葉由於混入了茶梗和茶莖，喝起來有股甜味而沒有強烈的茶澀味，非常順口。香氣比較淡，少了完整葉茶（leaf tea）的清爽和溫潤香氣，茶色也比較濁。

不過，進年來C.T.C揉捻機的性能不斷提升，如今的C.T.C加工法已經不再輸給完整葉茶了。尤其它的高生產力對於大量的印度國內消費來說更是重要，成了不可或缺的製茶方法。

阿薩姆的製茶廠由於都採用C.T.C製法，不僅需要寬廣的萎凋室，再加上為了設置連續型的C.T.C揉捻機，因此茶廠規模相當龐大。

阿薩姆茶廠的作法和斯里蘭卡的一樣，茶菁萎凋的時間都是約八至十小時，但由於採茶的人數及採收的數量非常多，茶廠通常是二十四小時運轉從不休息。

在這裡，每間茶廠年平均生產量為三千至四千噸，是斯里蘭卡的五倍，採茶人的數量也多達兩千至三千人。

在參觀阿薩姆的茶廠時，看著機械不停地生產出CTC加工茶，裝進大型的袋子裡。然而，最原始的茶菁卻是在外頭茶園裡的採茶人們一根一根、一葉一葉地以手工摘採而來。無論機械再怎麼進化提升，這有著人的手指溫度的茶葉，希望能就這麼永遠存在下去。

▨ 春摘大吉嶺

我相信很多人都知道，最有名的紅茶應該就屬大吉嶺了。「大吉嶺」在藏語中的意思是「雷之地」。事實上，這塊海拔兩千兩百四十

八公尺的山地濃霧瀰漫，也經常打雷。

一八三五年，錫金（Sikkim）將大吉嶺割讓給英國，從此之後這裡便成為英國人的避暑勝地，後來更成為印度西孟加拉省的夏都，城市十分繁榮。

大吉嶺位於阿薩姆州最西邊的位置。在前面章節裡曾提過，一八四〇年左右，當時擔任阿薩姆公司總監的查爾斯‧布魯斯曾在阿薩姆東邊的泰茲普爾北部地區致力於阿薩姆種茶樹的種植。

阿薩姆公司後來因為勞工不足和人種問題，生產量一直無法提升。但布魯斯一直有個無法放棄的心願，非常希望能在阿薩姆這塊土地上成功栽培出從中國帶來的原生中國種茶樹。

到了一八四一年，坎貝爾醫師（Dr. A. Campbell）嘗試將中國的茶苗和種子種植在喜馬拉雅山區海拔兩千一百公尺的大吉嶺，最後終於成功，成了大吉嶺紅茶的起源。

後來，一八五〇年至一八五一年間，蘇格蘭植物學家福鈞（Robert Fortune）偽裝成中國人，多次從福建將茶苗和種子裝入玻璃保存箱中偷渡至大吉嶺，並在當地開始大量栽培。於是，從熱帶氣候的阿薩姆到喜馬拉雅山山區，英國人努力不懈地一直在尋找適合栽種茶樹的地方，卻也遭受到不少困難。

大吉嶺由於位處喜馬拉雅山山區，每年十二月至隔年二月下旬都會降霜，氣溫低到只有攝氏二、三度。到了三月下旬，春天的陽光溫和地照射在茶葉上，使得嫩芽得以生長，長度不到四、五公分

大吉嶺的採茶景象。
依然季節不同可生產出春摘、夏摘、秋摘三種個性不同的紅茶。

大吉嶺街景。背後聳立著喜馬拉雅山脈，冬天這裡氣溫僅有二、三度。

的一芯二葉帶著淡綠色的嫩葉紛紛冒出頭來。這是來自喜馬拉雅山的春天。

採茶人穿梭在茶園間尋找摘下終於冒出芽的嫩葉，這每年春天第一次摘採的茶葉，數量僅僅只有一些，成了當年第一股春天的香氣。這便是稱為「春摘」的大吉嶺首摘茶葉。

茶廠在收到這首摘茶葉後立刻活絡了起來，整個廠區瀰漫在綠葉香氣與麝香葡萄和青蘋果的甘甜氣息中。

這時候外頭溫度仍然寒冷，就算充分揉捻發酵，茶葉也不會變成咖啡色。發酵時間最長是九十至一百二十分鐘，之後再經過乾燥所完成的紅茶還殘留著綠茶般的青綠茶葉，且外形纖細。不過，一經熱水沖泡之後，原本的茶葉會再度復活舒展開來，散發出溫潤的果香味，強烈順口的澀味後韻會殘留在口中遲遲不散。

這是不像紅茶的紅茶，喝過的人都不禁讚嘆：「這喝起來就像香檳一樣，像是帶有麝香葡萄香氣的紅酒。」

大吉嶺的茶廠規模不大，大多是位於山區斜坡上的家庭工廠。這裡所使用的揉捻機有個很大的特色，在壓揉茶葉的面板上有著類似手掌的凹槽，卻沒有切碎茶葉的刀刃，一切就像以人的手掌包覆著茶葉細心溫柔地揉捻。

在過去，茶葉都是經由人的雙手來揉捻、按壓而成，而這種最原始的茶葉製法，至今還留存在喜馬拉雅山的這塊土地上。

Chapter

紅茶與食物的搭配

日式飯糰與紅茶

二○一一年，日本知名飲料品牌麒麟（Kirin Beverage）發表了一款名為「午後的紅茶－無糖」的寶特瓶紅茶飲料。這款飲料和之前所有的無糖紅茶飲料不同，用的是大吉嶺紅茶（二○一一年的商品大吉嶺含量為百分之四十五，隔年調整配方後提高為百分之七十），口感清爽，而且澀味少，喝起來更順口。再加上強調紅茶的自然風味，因此香料用得非常少，呈現真正的紅茶最原始的味道。這種清爽的風味很適合搭配各種食物，尤其是含有脂質或脂肪的現代飲食，強調可以恢復口中清爽，讓每一口吃下去的食物都能嘗到如第一口般的美味。

當時麒麟推出了一支顛覆大家以往認知的廣告。

「飯糰配紅茶，行！」

「飯糰的必搭飲料，午後的紅茶－無糖」

在日本，以往大家的認知和傳統吃法，日式飯糰當然是搭配綠茶，紅茶則是和三明治一起吃。但麒麟卻顛覆這樣的常識，要大家以紅茶來搭配飯糰。這其中的理由如下。

如今日式飯糰的美味已經可媲美英國的三明治了。除了米飯和麵包的不同之外，近年來飯糰裡包的材料除了過去的梅乾、柴魚和昆布，還演變出鮪魚、牛肉、炸物及鮭魚肚等，與三明治所包的材料幾乎完全相同了。

此外，三明治是用手拿著吃，飯糰也是。在便利商店的架上，與三明治一樣幾乎占了同樣大小空間的商品，就是飯糰了，屬於銷售非常好的商品。

紅茶是發酵茶，香氣豐富多樣，與米飯和裡頭所包的內餡材料味道搭配、口感融洽。因此比起綠茶，紅茶在口中味道比較不容易過於突出，後韻也比較短暫。簡單來說，紅茶比綠茶更容易讓人忘了它的存在。

紅茶還具有分解脂肪及脂質、讓食物不油膩、更好入口的效果，正好適合近年來飯糰內餡的轉變。

唯一的問題，就只有一般人「吃飯糰配綠茶」的既定印象了，只要扭轉這個想法，紅茶和飯糰將成為理所當然的最佳組合。之所以敢如此斷言，其中最有力的證據就是飯糰和紅茶搭配著一起吃會變得更好吃，那美味與清爽的口感，就算沒有人規定要這麼吃，自然也會成為一種美味的新吃法。

但雖說如此，麒麟公司也不想忽視重視傳統的日本文化，因此他們並非從對立的角度來否定綠茶，而是希望消費者在選擇時，能夠將紅茶視為是綠茶以外的另一種選項來看待。

▒ 紅茶的最佳組合——起司

好幾年前，我在英國的超市見到讓我十分驚訝的一幕。一個年

約四、五歲的女孩指著冷藏架上的常見起司要求母親買給她。如果是冰淇淋還能理解，但為什麼她要求的竟然是起司呢？小孩子應該不會吃起司配紅酒才對啊。

我的這個疑問沒多久便獲得了解答。我看到當地巴士司機在休息時，邊喝著保溫瓶裡的紅茶，手還不斷抓著以紙包裝的黃色東西往嘴裡塞。是切達起司。不僅如此，在一早的二手市集上也可以見到擺攤的人們手拿著一個大的馬克杯邊整理著商品，並不時從一旁的塑膠盒裡拿出切好的起司往嘴裡放。馬克杯裡裝的正是加了牛奶、乳黃色的奶茶。

說到起司，一般人都會想到和搭配紅酒，但英國人卻是用來搭配奶茶一起吃。對此我真的嚇到了，詢問英國友人後，他給了我這樣的答案。

起司不只大人可以吃，小嬰兒也能吃，就連老年人也是每天吃起司。其中無論是用餐時或飯後點心，紅酒搭配起司是最美味的選擇，不僅法國人愛，英國人也很喜歡這樣的吃法。不過法國人可能不太瞭解，在英國，紅茶搭配起司是很常見的吃法，下午茶裡的三明治一定要夾起司才行。

即使沒有起司三明治，也會咬一口麵包或餅乾，再跟著起司一起吃，最後再搭配著喝紅茶。就算沒有其他茶點，只有起司也就足夠了。英國的切達起司屬於硬質起司，外出攜帶也很方便。

我甚至在英國的鄉下街道上看到一家起司專賣店，裡頭擺著各

式各樣的起司，包括白紋起司、藍紋起司、洗浸起司、硬質起司等。客人可以先試吃，再依照自己的需求要求店家切剛好的分量。

在每一種起司前面都擺著一張小卡，上頭寫著適合搭配的紅酒，此外底下還有一行字寫著「中國祁門」，或是洗浸起司的小卡則寫著「正山小種、大吉嶺」等，建議客人將起司和紅茶一起搭配著吃。

一開始我對這樣的吃法有所存疑，但試過之後終於恍然大悟了。無論是切達起司（Cheddar）、史帝爾頓藍紋起司（Stilton）、卡門貝爾白紋起司（Camembert），或是有洞的愛蒙塔爾起司（Emmenta），任何一款起司搭配紅茶一起吃，都宛如與紅酒搭配般十分契合。

不過，這種吃法搭配的一定要是奶茶才行，而且還要是口感較清爽的低溫殺菌牛奶，否則吃起來就不那麼美味了。原因就在於起司的濃郁香氣。吃起司時，當脂肪在口中散開，濃郁厚重的味道會緊緊黏附在口腔中，這時候如果喝上一口以低溫殺菌牛奶沖泡而成、後韻清爽的奶茶，低脂的牛奶會中和掉口中厚重的脂肪，入喉後的後韻變得清爽不膩，讓人彷彿忘了起司的存在。

這種口感就跟起司搭配紅酒一樣，但兩者不同的是，以紅酒搭配起司時，當起司吞下肚後，紅酒的酸味和香氣仍然會殘留在口中。但如果是搭配紅茶，當起司的厚重脂肪被紅茶分解吞下肚後，口中所殘留的口感比較淡，只會剩下微微的紅茶和牛奶的香氣。

當口中的起司味道消失之後，便會想再繼續吃，也就是說會促進食欲。吃完又喝，喝完再繼續吃，起司微微的鹹度會讓食欲變得

很好。

奶茶對小孩子或年長者來說都可以喝，在英國已經成為生活飲品之一的必需品。

除此之外我還聽到另一個關於紅茶的優點。在英國，用茶包沖泡的紅茶是最便宜的飲品，因為無論是在飯店或任何地方，只要有保溫瓶，倒入熱水放入茶包，就能喝到紅茶了。而且在英國，牛奶跟水一樣很便宜，甚至牛奶還比水更容易取得。

只要有起司和紅茶，英國人就能活得下去。

▒ 中式料理與紅茶的絕配

無論炒、蒸、炸，中式料理以一支中華炒鍋就能做出所有料理。應該沒有其他料理像中式料理一樣使用了大量的植物油，除了熱炒和炸物之外，中式料理就連蒸物和湯品也會加辣油，真的很油膩。

在吃中式料理時，和其他國家料理非常不一樣的是，席間所搭配的飲品是中國的綠茶。中國大約有百分之七十的地方都有喝中國綠茶的習慣，其中甚至有些地方還會喝茉莉花茶，或是像福建省等地會喝口感比綠茶清淡的白茶。

就連紅茶的發源地福建，或是以祁門紅茶聞名的安徽，甚至是紅茶及普洱茶都相當著名的雲南等，也完全沒有用餐搭配紅茶的文化習慣。

難道這是因為中式料理不適合搭配紅茶嗎？事實上並非如此，真正原因其實是在擁有三千年茶葉歷史的中國，紅茶的歷史不過僅有四百年，根本尚未在中國人的生活中扎根。再加上中國人認為紅茶是為了出口歐洲所種植生產的茶葉，與自己平時所喝的綠茶是完全不一樣的茶種。

中國的綠茶屬於釜炒茶，不同於日本的蒸茶，所製作出來的茶葉纖維較硬，就算以熱水沖泡，茶色也不易混濁，外觀比較清透。日本的煎茶和番茶為了增加風味，所泡出來的茶纖維較多，又被稱為「濁茶」。

釜炒綠茶雖然沒有經過發酵，就製法上的確屬於綠茶，但喝起來卻像紅茶一樣清淡而後韻清爽。再加上兒茶素含量豐富，可以有效地完全中和中式料理中的油膩。

另外一點是，釜炒綠茶不比蒸茶來得香，換言之，青草味比較淡。而這種清淡的味道，反而成了搭配料理的優點。

在中國，紅茶並不會在用餐時間一起喝，但基於以上幾點，我建議可以用紅茶來搭配中式料理。比起釜炒綠茶，紅茶由於經過發酵，無論味道或香氣都更容易與料理結合。中式料理經常會利用八角、生薑、大蒜、芝麻等香辛料來增添美味，而紅茶的氣味與這些香料正好搭配而完全沒有衝突，可以分解脂質，使口中保持清爽。

大家不妨用最簡單的煎餃來試試看，搭配較淡的紅茶一起喝，結果肯定會讓你驚訝，吃完一盤還想再吃。

壽司、咖哩、烤肉、拉麵

大家知道孩子最愛的食物前十名是什麼嗎？據說第一名是壽司，接著是咖哩、烤肉、拉麵、漢堡肉、牛排、洋芋片、義大利麵、漢堡、披薩。

那麼，孩子們和這些最喜歡的食物一起搭配著喝的又是什麼呢？最多的是開水，接著是牛奶、烏龍茶以及汽水。

值得注意的是，無論任何喜愛的食物，大家一定都會搭配著飲品邊吃邊喝。這是理所當然的，大人可以選擇啤酒、紅酒、清酒和燒酎來搭配食物，但小孩子不能喝酒。

以上所提到的這些孩子最愛的食物，全都含有脂肪或脂質，唯一只有壽司可能沒有使用到油類，但油質多的魚類含有非常豐富的脂肪，特別是最受小孩歡迎的鮭魚、鮪魚或青甘魚等，所含的脂肪多到幾乎會黏嘴。

一般來說，吃壽司搭配的可能是熱騰騰的綠茶，但如果是迴轉壽司，通常提供給孩子的都是冰水，吃烤肉和漢堡肉是更是如此。幾乎百分之八十的孩子都是以冰水搭配食物一起吃的。

吃拉麵和煎餃時或許更是如此。就連小孩很喜歡的咖哩，就連大人應該也都是邊吃邊配冰水。

水並非不好，但喝冰水會使得口中的油脂或肉類魚類的脂肪凝固，黏呼呼的口感喝再多水也無法去除。於是，食物在口中的殘留

感會變得更長，一直揮之不去，造成食欲也跟著下降。換句話說，喝冰水會讓人不想再繼續吃下去，並無法引發食欲。

因此，大家不妨可以用紅茶來取代冰水。吃壽司時就跟搭配綠茶一樣，倒上一杯紅茶，溫度約五十至六十度，稍微溫熱即可。紅茶的濃度要比一般喝茶時來得淡一些，而且只要用最普通的錫蘭紅茶就可以了，用茶包應該更方便。

舉例來說，如果用的是茶包，一個茶包約以三百至四百西西的熱水來沖泡，差不多是一般泡茶時再淡一倍左右。

接下來就不需要再多加說明了，只要吃壽司或手捲時咕嚕咕嚕地搭配著喝，立刻就能體會到紅茶的效果。首先，魚肉的魚腥味會消失不見，口感變得十分清爽，而且醋飯會意外地甘甜，變得更好吃了。由於口中不再殘留油膩，不知不覺就會一顆接一顆地一直吃下去，這就是美味的證明。

其他包括咖哩、漢堡肉、牛排、洋芋片、拉麵、披薩等，每一種都含有油脂或脂肪，也都可以用同樣的道理來說明。

大人其實很奸詐，自己吃東西配啤酒或紅酒，這樣的搭配比起孩子配冰水更能品嘗到食物的美味。啤酒雖然無法分解脂肪，但碳酸卻能掩飾蓋過食物的味道。而紅酒更是與紅茶一樣含有多酚，可以分解食物中的脂肪或脂質。

若想讓孩子品嘗到跟大人一樣的美味，方法便是將紅茶倒在紅酒杯或啤酒杯裡，讓孩子搭配著食物一起吃。喝紅茶不會醉，從大

人的角度來看或許會認為特地用酒杯盛裝很無趣，但這種作法絕對能讓孩子感到更開心。

▓ 羊羹和饅頭也適合搭配紅茶

我非常喜歡和菓子，尤其紅豆類的東西更是義無反顧地喜愛。一般來說，甜膩的羊羹或饅頭最適合搭配的是較濃的綠茶，這也是日本一直以來的美味組合。這一點無庸置疑。

但仔細想想，日本茶的歷史中全都只有綠茶，完全沒有紅茶的存在。雖然明治初期多田元吉曾研發出日本當地的紅茶，但最後也只作為出口之用，還不到國內需求的地步。日本人就這樣一直對紅茶一無所知，即使是現在。

倘若幾百年前日本就已經普遍喝起紅茶，端出較濃的紅茶與羊羹或饅頭招待客人，說不定會大受好評。

紅茶一般給人搭配西式點心的印象，這是因為產自亞洲的紅茶後來傳到英國，受到歐洲的風情影響，成為西方的茶。於是以奶油、起司、鮮奶油等做成的西式點心便成了紅茶的最佳搭配。

不過，紅茶也是茶葉的一種，就像日本的女兒嫁到歐洲後再回到日本來一樣，本質上沒有任何改變。建議大家可以嘗試看看以紅茶來搭配羊羹，絕對會發現另一種不同於綠茶的美味。如果是喜歡吃和菓子的人，一定會更加體會。

羊羹加熱過後有著一種日式香氣，而紅茶的氣味能與這種沉穩的風味完全融為一體，不會顯得突兀。不僅如此，紅茶還能中和羊羹過分的甜膩，讓味道變得更溫和順口。再搭配著紅茶的澀味和香氣一起吞下肚，自然能體會到一種無的境界。這麼說絕對不誇張，懂得品嘗和菓子的人一定能瞭解我的意思。

▨ 蛋糕與紅茶的黃金組合

毫無疑問地，生日或聖誕節時所吃的鮮奶油蛋糕和草莓蛋糕，是永遠的人氣蛋糕。除此之外加了滿滿鮮奶油的巧克力，對於喜愛巧克力的人來說，光是聽到名字就會不禁開心了起來。

蛋糕店和百貨公司裡的點心區總是無時無刻擠滿了人，非常熱鬧。就連蛋糕師傅也同樣人材輩出，如今日本西式點心的能力程度非常高，已經可以媲美點心蛋糕的一級戰區法國及德國了。

很奇妙的是，就算是平常愛喝咖啡的人，只要是吃蛋糕，一定都是搭配紅茶。雖然不知道為什麼要這樣搭配，不過「蛋糕配紅茶」的組合似乎已經深植人心了。

一些平時只能擺著當裝飾的高級茶壺，這時候總算有機會可以發揮它的作用了。甚至有人不要求一定要用茶葉沖泡，就算只是茶包也好，就是想喝紅茶搭配著蛋糕吃。

蛋糕和紅茶的組合在沒有強制規定的情況下，就這麼廣泛傳了開來。原因之一或許是因為大家常在電影裡看到下午茶的茶點中就有迷你蛋糕或塔派類的點心等，紅茶和蛋糕經常一起出現。

當然，即便如此，如果不是大家親自嘗試後覺得美味，這樣的組合方式也不會造成流行，肯定是無論大人小孩都對這樣的組合感到好吃才是。

蛋糕和紅茶之所以如此搭配，原因便是紅茶中的兒茶素能分解乳脂肪，使口感變得清爽不膩。不過，隨著各人口味不同，有人或許會覺得這樣的搭配口感太過清爽了，品嘗不到蛋糕原本乳脂的味道。這也無可厚非，面對美味的食物，當然會希望能將味道一直留在口中。

大家可以試著回想第一口蛋糕的感覺，入口即化的風味，溫和的甜度，香草或水果的香氣，還有口中滿滿的奶香味。這完美的味道，甚至美好到讓人不禁著迷。

然而，蛋糕吃到一半之後，已經感受不到這最初的美味感動了，因為嘴巴已經對蛋糕的味道感到麻痺了。這時候喝上一口紅茶，便能讓口中恢復清爽，重新回到第一口的味覺狀態。

換言之，就是再次找回第一口的感動。先吃蛋糕再喝紅茶，重新調整味覺回到第一口時的狀態。這種不斷重新體驗到的美味感動，正是你我都曾體驗過的蛋糕與紅茶的美味組合。

但有一點要提醒大家的是，吃蛋糕時如果搭配的是個性較強的

高級紅茶，例如大吉嶺或澀味較強的烏巴、伯爵紅茶等，紅茶反而會變得太過強烈突出，往往容易影響到蛋糕的美味。尤其是風味茶在口中的香氣殘留較久，會使得後韻變得不好。

因此建議選擇不會影響蛋糕味道的一般紅茶即可，而且最好以低溫殺菌牛奶泡的奶茶來搭配。總之原則就是，蛋糕才是主角，紅茶只是配角。

日本也有奶油酥餅

沖繩的著名點心「金楚糕」甜度適當，香氣迷人，最美味的是那酥脆的口感，正好和蘇格蘭的傳統點心奶油酥餅完全一樣。

與司康一同是蘇格蘭代表性點心的奶油酥餅，完全就是小麥國家所衍生而出的一種麵粉餅乾。與司康不同，奶油酥餅完全不加蛋和牛奶，單純只用麵粉、奶油、砂糖及少量的鹽來製作。

作法是先將碗裡的麵粉和奶油切細混合均勻，等到混合至顆粒鬆散之後，再加入砂糖和少許鹽巴，用手拌勻捏成麵糰。接著切成一口大小的長方形，或是像盤子一樣的小圓形，造型非常簡單。奶油酥餅一般來說表面會有淺淺的許多小洞，這是用叉子輕輕戳出來的造型。

另一方面，沖繩則有可以媲美奶油酥餅的金楚糕，兩者一樣都有著悠久歷史。金楚糕和奶油酥餅一樣都使用麵粉和砂糖作為材料，

而不一樣的是，金楚糕不加奶油，而是使用豬油。

金楚糕一開始傳自中國南部，而在中國，比起乳製品，豬油才是生活中常見的油脂品，在料理或餅乾中加入豬油是非常理所當然的作法。最早的金楚糕是將米磨成粉來使用，後來改用麵粉後，口感風味吃起來就更像奶油酥餅了。

蘇格蘭的奶油酥餅大多會搭配奶茶。隨著帶點鹹味的奶油和愈嚼愈酥、愈香的麵粉香氣在口中散開，會覺得味道太過厚重且太乾。這時候喝上一口茶，奶茶能將滿嘴的粉粒輕易地融合成團塊，輕輕鬆鬆就能吞下肚，口中毫無殘留。當覺得意猶未盡時，自然地就會再拿一塊奶油酥餅往嘴裡塞，就這麼持續不斷地邊吃邊喝。

但沖繩的金楚糕有一點讓我覺得很可惜，那就是找不到可以搭配著一起吃的完美飲品。我希望有一種飲品，可以和豬油入口即化的油脂及沾附的麵粉清爽融合地吞下肚，讓人感覺到一股愈吃愈好吃、愈吃愈想吃、清爽不膩的渴望。

這時候最好的選擇還是奶茶了。沖繩受到中國南部的影響非常大，包括雲南的米、麵類、豬肉和豬油，就連喝茶的習慣也是。但竟然完全沒有喝紅茶的習慣，實在讓人無法理解。

大家不妨自己以奶茶來搭配買回家的金楚糕，想必一定可以重新體會到不分蘇格蘭、中國、印度或沖繩，所有人對於美味的那份相同定義。

後記

完成這本書之後，我收到了一份來自韓國某家紅茶公司的顧問邀請。因顧慮到語言不通，再加上生活習慣不同且必須遠赴海外的關係，我一度婉拒了那份工作，但經過幾次與該公司的女社長會面之後，她的一句話改變了我的想法。

「紅茶目前在韓國的狀況還停留在二十幾年前的日本，大家對於紅茶的相關商品並不熱衷，不流行喝紅茶，生活中更沒有喝紅茶的習慣。所以我想讓紅茶在韓國變得更為普及，在韓國人的生活中扎根，而不要只是曇花一現。」

就像以前的英國也是如此吧，紅茶一開始只是王親貴族與富貴人家的流行，但最後終究成為所有人都喝得起的生活必需品。與食物一起享受，在聚會場所上作為招待，無論何時都可以看見它的身影。這就是將永遠存在你我生活中的紅茶。

紅茶的歷史並不長，但之所以如今能傳到全世界、受到許多人的喜愛，原因之一正是所有人都能用適合自己的方法來享受紅茶。

紅茶只是個「材料」，「make tea」（泡茶）的說法就是最好的說明。希望大家可以透過這本書，像做料理般自由地面對紅茶，成為一個開心歡喜的表演者。那將會是我寫這本書最大的榮幸。

在寫這本書的時候，出版社的社長奧村傳先生特地與我見了面，

而擔任本書編輯的碇耕一先生也因為這本書愛上了紅茶。他們兩位原本都是很愛喝酒的人，但因為這本書的關係，最後都成了紅茶的愛好者。對我來說，沒有比這更令人感到高興的事了。

品味事典 ㉒

紅茶之書——一趟穿越東方與西方的紅茶品味之旅

作　　者──磯淵猛
譯　　者──賴郁婷
主　　編──林芳如
編　　輯──謝翠鈺
企　　劃──廖婉婷
封面設計──莊謹銘
內頁排版──李宜芝

發 行 人──趙政岷
出 版 者──時報文化出版企業股份有限公司
　　　　　　10803台北市和平西路三段二四〇號七樓
　　　　　　發行專線─（〇二）二三〇六六八四二
　　　　　　讀者服務專線─〇八〇〇二三一七〇五
　　　　　　　　　　　　（〇二）二三〇四七一〇三
　　　　　　讀者服務傳真─（〇二）二三〇四六八五八
　　　　　　郵撥──一九三四四七二四時報文化出版公司
　　　　　　信箱─台北郵政七九～九九信箱
時報悅讀網──http://www.readingtimes.com.tw
法律顧問──理律法律事務所 陳長文律師、李念祖律師
印　　刷──勁達印刷有限公司
初版一刷──二〇一六年四月十五日
初版六刷──二〇二一年九月八日
定　　價──新台幣三〇〇元

時報文化出版公司成立於一九七五年，
並於一九九九年股票上櫃公開發行，於二〇〇八年脫離中時集團非屬旺中，
以「尊重智慧與創意的文化事業」為信念。

國家圖書館出版品預行編目資料

紅茶之書：一趟穿越東方與西方的紅茶品味之旅 / 磯淵
猛作；賴郁婷譯. -- 初版. -- 臺北市：時報文化, 2016.04
面；　公分. -- (品味事典；22)

譯自：30分で人生が深まる紅茶術

ISBN 978-957-13-6589-3(平裝)

1.茶葉　2.飲食風俗　3.文化

481.64　　　　　　　　　　　105003876